聽松文庫
tingsong LAB

为了人与书的相遇

如果有这样一个家就好了

三菱地产集团 居住实验室 "sumai LAB"
提案

居住实验室 "sumai LAB" ＋ 土谷贞雄
编著

广西师范大学出版社
·桂林·

目录

1 章 关于生活的专栏

2 章   关于生活的问卷调查

3 章　五十个户型方案

代序

三菱地所 residence 株式会社
株式会社 MEC eco LIFE
原董事长

小野真路

我们三菱地所集团，以"通过城市规划为社会做贡献"为基本使命，在过去半个世纪所积累的住宅建造实绩、技术知识和用户信任等基础上，一直在努力争取实现居住环境的改善。

我们的企业愿景是"为生活增添新的喜悦"，表达了我们以客户要求作为第一要务，通过生产和销售于一体的系统，认真面对房屋建筑的想法。同时，我们也承诺，在城市的舞台上向客户提供能够让大家一起分享喜悦和感动的生活设计。今后，我们也会继续稳定地提供优质公寓，这是自不待言的，同时，我们还会坚持探索如何让生活过得更丰富。我们会倾听客户的建议，继续提供着眼于未来的、有新价值的住房。

我们打造居住空间，但更关注的是空间内所展现出来的生活。理想的生活，有多少人就有多少种，绝不是只有一个答案。我们虽然提供了大量的公寓，但也不能忘记这一点。为了打造更注重实际生活的居住空间，我认为最重要的还是倾听客户的建议，从客户的建议出发。这就是付梓本书的居住实验室"sumai LAB"所做的工作。

今后，我们会继续建造持久耐住的、可以实现每一个人理想生活的住房，来满足大家的期望，同时也希望我们的住房能给大家带来新的喜悦。

2015 年 12 月

序言

居住实验室
"sumai LAB"
原代表

平生进一

居住实验室"sumai LAB"起源于我们 1998 年 4 月开始策划的"能够俱乐部"。当时互联网仍未大范围普及，所以我们通过纸质媒体发布了我们的想法。内容充分反映时代潮流，而有时我们也以反时代潮流作为主题。有的内容被应用到当前的公寓项目里，而更让人意外和高兴的是，同行业其他公司开发的公寓也采用过我们提案的内容。

通过"能够俱乐部"的工作，我们发现我们自己很容易囿于成见，但是，不管是我们供应方还是一般用户，都需要更重视自己的生活。

居住实验室"sumai LAB"从 2011 年 11 月以来，首先整理了之前积累的知识，之后由新的成员多次重新讨论了现在住房的可能性。与之前不同的是，现在一般用户也可以参与"sumai LAB"的讨论了。我们定期实施问卷调查，目前一次最多可以得到 2000 多份回复。像现在的"sumai LAB"这样可以直接听取更多人建议的办法，令人鼓舞，也有助于我们发现新的观点。

居住实验室"sumai LAB"除了关注住房户型、住房使用办法等硬件方面以外，还致力于实现工作、与邻居交往等社会意识的可视化。2012 年，我们获得了"优良设计奖"（Good Design Award），我们不仅提出方案，还是一个沟通平台，是帮助用户思考自己生活方式的网站，我们在不断地成长。从事商品开发的我们，不停留在现有的知识上，而是持续寻找我们还不知道的生活方式的未来。

2015 年 12 月

我的日常生活　｜　土谷贞雄　[居住实验室 "sumai LAB" 顾问]

两处居所

我现在一个人生活，在北京、东京的两个家之间来回跑。因为出差频繁，我很少有时间回家，但我非常喜欢待在家里。在家时，很多时候我都在工作，不过最喜欢做的事还是做饭。说是做饭，也就是汤、饭、沙拉等很普通的东西，并不是需要特别准备的菜式。料理过程中完全投入，饭菜做好之后摆到收拾干净的桌子上开始享用。这一连串的动作最让我感到激动，也最能让我切实感受到这个家是属于自己的空间。这有点像是每天生活中存在的节奏，换个角度，也可以认为这是维持自身与住宅之间良好关系的基本行为。水壶冒出的热气、煮汤时咕噜咕噜的声音……这些日常的细节，让我感到安心。不得不在外吃饭的时候也很多，不过只要情况允许，我还是想早点回家。

认真对待家务事

到家后，我会先打扫卫生，然后看看冰箱里的东西，有必要的话会出门采购食材。洗衣服时，看到干净的白衬衫、内衣，心情会变得畅快。做家务很费时间，可即便再忙，我也没打算把做家务的时间合理化，甚至经常选择相对比较费时间的方法。我在工作时会尽量追求高效，却不把家务事当成工作。我认为，家务是人生过程中必备的基本生活行为。出门在外也是一样，到达酒店房间我会先整理行李，把东西全部摆到桌面上。物品整齐有序，心情也得到整顿；房间干净整洁，内心也会平静下来。

做到"少而精"

出行次数越频繁，衣服等日常物品的数量必然会越少。我平常穿的衣物只有长袖、短袖的白色上衣各三件，袜子三双，牛仔裤两条，除此之外还有防风夹克、毛衣、羽绒服各一件，以及同款鞋子两双。然而，这并不意味着什么东西都是越少越好。我在买东西的时候会精挑细选，对于家具、器皿、厨具等，更是要慢慢考虑。日常生活中使用的东西，这样做是很有必要的。举个简单的例子：搭配上好看的餐桌、餐具之后，食物也会不知不觉变得更美味。积极主动地去观察并尽量长期使用，身边的事物也会慢慢呈现出生活的深度。

经典菜式

前面提到我喜欢做饭，而我最经常做的一道菜就是煎鸡蛋卷。不论去到哪里，都能方便地买到鸡蛋，手艺也因为每天的练习渐渐长进。手艺长进带来的成就感、到附近菜市场购买食材的行为，增强了"生活于此处"的意识。而到附近的市场买菜，由此产生的毫无意义的对话，都是让人实际体验到生活感的原因所在。因此，出门在外时我尽量不住酒店，而是选择住在带有厨房的普通人家。如果需要长期居住的话，还会选择长租房。

从亲手制作的厨房到人与事物的关联

日本家里的厨房灶台，是我自己造的。自己买来木板，定好水池、煤气炉的开口，最后安上网购的水龙头。除此之外，家里的椅子、桌子也是我自己做的。自己动手的习惯大概始于五年前，我在那时候开始了为木材商提供支援的工作。因为想要更多地了解木材而动手做了很多东西，接触越多越觉得有趣，竟然喜欢上了这样的过程。由于我的时间比较分散，只能每天抽时间一点点推进。通过自己的双手做出日常使用的东西，不断深化自身与物品之间的关联，渐渐地人们就会意识到，这是在亲手打造自己的生活。做饭这件事也是同理，不需要事事依赖别人，亲自参与到和物品、行为的关联之中才最重要。出于工作原因，我需要经常飞来飞去，但只要回到家，做上饭，每次都能感觉到"这个地方属于我"，甚至会感觉自己在同一个地方待了很久。在生活之中，我会时常关注这种平凡的日常，并注重自身与物品、行为之间持续不断的关联。

享受日常生活

本书的内容，灵感源自于许多用户。实施调查的过程中，我也对自身的生活展开思考，并得到了很多新想法。研究生活方式，其实就是关注日常生活中的细微部分，有意识地与这些细微部分产生关联。我希望有越来越多的人意识到这一点，以此来提升日常生活而非特殊事物的品质，最终做到享受日常生活。

2018 年 5 月 12 日

关于居住实验室 "sumai LAB"

2011 年，为了与大家一起思考未来的住房，我们设立了居住实验室"sumai LAB"。由株式会社 MEC eco LIFE 的成员运营。株式会社 MEC eco LIFE 是三菱地所集团旗下的一家公司，研发住宅环境方面的措施，并提供关于居住形式的新的解决方案。为了与更多的人进行沟通，我们在株式会社 MEC eco LIFE 的官网上设立了此实验室。

公寓楼的开发中存在的很多不能实现的事

日本的公寓楼开发一直以来都在尝试做出通用的解决方案。但这意味着，在标准化住宅的名义下，由于供应方的原因，生活者各种各样的渴望或许就被忽略了。而我们逐渐开始理解，大家的建议中才有着每个人对居住形式的想法。因此，我们现在要重新面对这些建议。

大家一起思考，大家一起创造

那么，我们现在要改变生产、研发的方法。一直以来，企业自己调研、解决问题，或者研发新的功能来挖掘商品的卖点。但时代是在变的，现在，光靠技术的进步很难独自创造价值了，还需要考虑用户怎么使用此商品等等背景。不管什么样的技术革新，如果它不是用户需要的，那就没有价值。现在一般用户的知识，很多时候甚至超过了供应方的知识。这或许意味着，时代已经成熟了，居住形式也多样化了。因此，我们想与大家一起思考未来的居住形式，与大家一起创造新的居住形式。

将大家的建议反映到实际的项目里

为了使大家的理想住房能够实现，我们将在这里与大家沟通来创造智慧，并将其反映到下一个商品的开发中。其中，会有马上可以实现的，也有需要一段时间的，以及需要反复思考的，实现过程或许是多样的。在实际项目中，实现大家建议的方式，不仅是开发出新商品，还有可能是实行新的运营办法、新的服务等等不同方式，但不管是什么，我们都会将大家的想法反映到具体的项目中。

导读

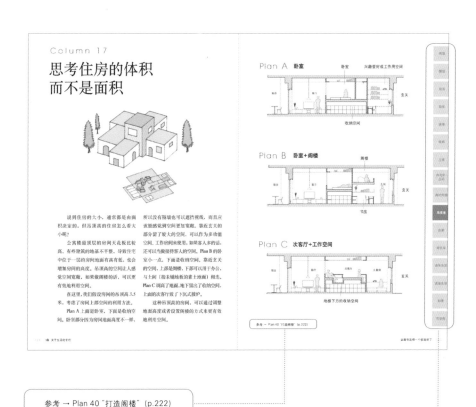

参考 → Plan 40 "打造阁楼" (p.222)

"参考"部分标注了本书中与该页面提到的内容相关的其他页面。"相关网址"则标注了与该页面内容相关的"sumai LAB"网站（http://www.sumai-lab.net/）上的专栏、调查问卷的序号与标题等。

本书将专栏、问卷调查、户型方案等分成"吃饭""睡觉""洗浴""高度差""走廊""可变性"等十六个主题。页面左右两侧的索引当中颜色较深的就是当前页面内容的所属分类，请参考。

关于生活的专栏

1 章

本章主要介绍随着时代与社会的变化，人们的生活与户型会有什么样的变化。像吃饭、睡觉、洗浴、家务等生活场面，少子化、老龄化等社会问题，育儿与工作等生活方式，以及建筑的理想状态等等，本章将从多方面来介绍能让日常生活更加舒适、更加丰富的智慧和想法。

＊本章中的专栏摘录自"sumai LAB"网站。

Column 01
开放式厨房与操作台

　　五十年前，在日本的住房中，餐厅和厨房结合在一起的开放式厨房是主流，大多是厨房旁有餐桌，做饭和吃饭在同一个空间。餐桌不仅是吃饭时使用，还作为操作台使用，人们在餐桌上准备菜、将做好的菜装到盘子里等等。大家的回忆中应该都有小时候在餐桌上帮妈妈去掉豆角的筋、和妈妈一起包饺子等场面。家里有较大的餐桌，装菜也很方便。

　　后来，住房面积越来越大了，厨房也独立起来了，这时候的一般趋势为餐厅和客厅连起来成为一个空间。可是，厨房扩大了，操作台面积却没有扩大。

　　在不锈钢洗碗池、煤气炉灶组合在一起的厨房开始慢慢普及的时候，厨房的宽度为1.8米，之后逐步扩大到现在的2.4米标准尺寸，但操作空间仍然不够大。1980年代，半开放式厨房代替独立式厨房，开始流行起来。半开放式厨房前面是如窗户般开放着的，还有吧台。吧台可以放盘子、调料等小东西，如此一来，吧台可以弥补操作台面积的不足。

　　现在，厨房本身就像家具一样美观，这使吃饭和做饭空间一体化的开放式厨房又开始普及了。最近的厨房，柜门或墙面有了专门放调料等小东西的地

A

可拆卸、
可滑动的操作台

就餐使用案例

可折叠的操作台

盖子

吧台椅

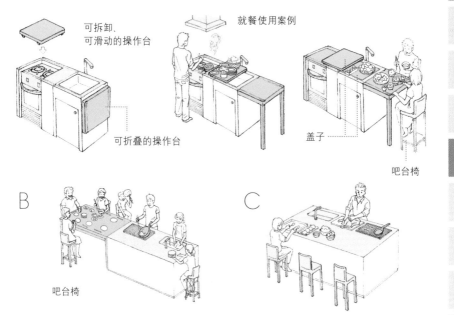

B

吧台椅

C

吃饭

睡觉

洗浴

放松

家务

收纳

工作

内与外·
土间

两代同居

高度差

走廊

南玄关

老年生活

紧凑生活

和室

可变性

方，但操作空间依然不足。

　　于是，我们在这里提出有更大操作空间的三个方案。图 A，厨房台面上装了可拆卸、可滑动的操作台，将宽度60厘米的面板放在洗碗池上或炉灶上作为操作台使用。还有，在厨房操作台的侧面装了可折叠的操作台，也可以当餐桌使用。

　　图 B，是厨房操作台和餐桌结合在一起的方案。餐桌可以当做操作台使用，很方便，还可以一边和家人聊天，一边做饭。如果餐桌的高度跟厨房台面高度一样，椅子则需要坐面高度高一点的。

　　图 C，厨房台面的面积扩大了一点，提供了就餐空间，也可以当做操作台使用。在较大的桌面上装炉灶和洗碗池，不仅操作方便，也可以一边和家人聊天一边做饭（但另一方面，因为做饭时对面坐着人，所以如果不一边做一边收拾厨具，台面就会很乱，看起来很碍事）。另外，和图 B 一样，如果餐桌的高度跟厨房台面高度一样的话，则需要坐面高度高的吧台椅。

　　上面介绍了有更大操作空间的三个方案，您觉得怎么样？

Column 02

将厨房当成家具来看

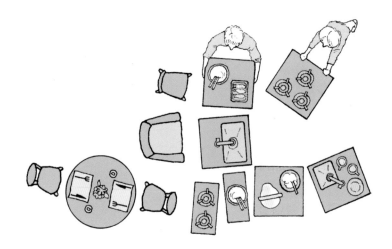

在前一页的专栏中，我们提到厨房和操作台的关系，在这里让我们再详细地思考一下更多的厨房形式。

右页的图，是将炉灶、洗碗池、操作台制作成边长 60 厘米的如箱子一样的厨房组合套件，在洗碗池下面还装了冰箱。此外，我们还设计了大小、宽度不一样的组件，以及高度便于坐着做饭或吃饭的组件。

我们可以按照自己的做饭习惯、居住形式来组合这套厨房套件。

这个可移动厨房套件的问题在于如何安装用于排水、排气等的管道，目前我们可以采用软管来解决此问题。另外，如果使用电磁炉的话，便可以采用只消除味道的循环式通风设备。

炉灶（3个灶眼）

收纳

操作台（宽度60厘米）

烤箱

洗碗池（宽度60厘米 ）

冰箱

炉灶（2个灶眼）

收纳

操作台（宽度30厘米）

收纳

洗碗池（宽度60厘米）

收纳

与餐桌一样高度的操作台

组合案例

马蹄形　　　　两排　　　　一排

吃饭

睡觉

洗浴

放松

家务

收纳

工作

内与外·土间

两代同居

高度差

走廊

南玄关

老年生活

紧凑生活

和室

可变性

　　之前，大家都以为厨房是固定的，在建公寓的时候，厨房设备一般都是和建筑一起施工安装的。但是，居住形式和生活方式越来越多样化的现在，提高厨房设备的可变性、随意性，或许有很多好处。

　　比如说，可以在家里来客人多的时候加装操作台做饭，也可以只把炉灶换成最新产品，平时收起来，需要时装，随意布置。同时也可以满足喜欢厨房大一点的人的需求。

　　带有可变性的厨房，可以应付未来家庭和居住形式的变化，并可以给自己留出更多考虑其他空间的余地。

Column 03

可享受家务乐趣的厨房

　　大家平常是不是都在想，如何让家务变得"更轻松一点""更合理一点"呢？那么，我们是否可以干脆将家务当成"快乐的事情"，而不是当成"劳动"来看呢？为了享受家务的乐趣，我们应该有很多办法。

　　在这里，让我们专注于做饭这一项家务来思考一下。为了享受做饭的乐趣，有什么样的办法呢？比如，我们可以搜集各种各样的调料，厨具和餐具也搜集自己最喜欢的。不需要搜集有必要的东西，而是搜集让自己用

得开心的东西。还可以特意尝试做费工夫的料理。这不正是提高生活质量的一种方法吗？

　　还有，我们要给大家介绍的让人们能够享受做饭乐趣的重要因素，第一个就是食品贮藏室。现在的住房里，带有食品贮藏室的恐怕不多。其实，厨房只是操作空间，所以需要多种收纳空间，将厨房用品分成平时用的、长期保管的、家里有客人时使用的。此外还要考虑需要时如何高效地将东西拿出来使用。如果有挨着厨房的食品贮藏室，不仅可以

吃饭

睡觉

洗浴

放松

家务

收纳

工作

内与外·
土间

两代同居

高度差

走廊

南玄关

老年生活

紧凑生活

和室

可变性

收纳空间

和厨房统一材料的墙面收纳

归类整理、收纳多种东西，还可以高效地拿出来使用。如果有如此方便的厨房，我们就可以好好地享受做饭的乐趣。

第二个，就是身后的吧台，在身后的吧台上可以放烹饪家电产品。例如微波炉、烤箱等家电，比起放在厨房操作台的下面，放在与视线高度一样、容易看到的位置，用起来更加方便。让人用起来开心的厨房或许需要有如"驾驶舱"般的功能性。

第三个，就是将厨房当做室内装饰的一部分来看，比如冰箱、微波炉、

烤箱，不仅要考虑功能，还要考虑美观。还有，墙面收纳柜跟厨房统一的"整体厨房"也很漂亮。在如此美丽的厨房里，摆放自己喜欢的烹饪器具、餐具等厨房用具，哪怕只是在那里待着，也会感到很舒服，在这样的厨房里，您一定能享受烹饪的乐趣。

除了做饭这件事以外，我们之后还会继续思考可以让人们享受做其他家务乐趣的办法。

Column 04

适合老年人的坐式厨房

日本的老龄化率在日益增长，2015年，65岁以上的老年人口已经超过日本全国人口的四分之一。以后，独居生活的老年人比率也会逐渐增加。在这里，让我们思考一下适合老年人使用的、可以坐着做饭的厨房。

退休以后，有了富余时间，有人会多花时间来好好做饭，也有人一边做饭一边吃饭。

右页图 A 中的厨房操作台和餐桌是连在一起的，图 B 中的厨房附近就有餐桌，这种设计对老年人来说更方便。在这里坐着做饭，可以更细致地慢慢做。

还可以一边做饭，一边看看电视、喝喝茶，如果使用带滚轮的椅子，坐着便可以移动。这种方案也方便跟家人或者朋友一起边做边吃。

我们设想以后家庭成员会变少，所以操作台的尺寸采用比标准尺寸（宽度2.4 米）小一点的 1.8 米，操作台下面是空的，坐下的时候可以将腿伸进去。微波炉、柜子也放在可以坐着使用的位置。

我们在这里提出的"坐式"厨房，也许不能说是适合所有人，但我们在设计时考虑了老年人的需求，希望它能够为大家提供多一种选择。

A

一个人的时候，
在这里边看电视边做饭

坐着好好做饭

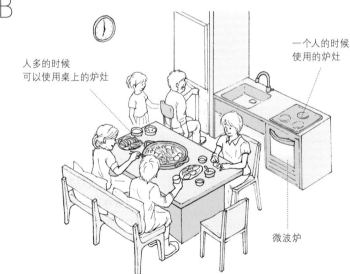

B

人多的时候
可以使用桌上的炉灶

一个人的时候
使用的炉灶

微波炉

吃饭

睡觉

洗浴

放松

家务

收纳

工作

内与外·
土间

两代同居

高度差

走廊

南玄关

老年生活

紧凑生活

和室

可变性

Column 05

基于多种居住形式的卧室

    大家平时怎样睡觉呢? 夫妻睡在各自的房间里, 家人睡在一起, 小孩子有独立房间自己睡觉等等, 每个家庭都有自己的习惯。有可能, 随着家人的成长, 睡觉的习惯也会有变化。

    在这里, 根据这样的多种睡觉习惯, 我们做出了 Plan A ~ D 的四种卧室方案。Plan A ~ C 的卧室只是睡觉的空间, 没有放其他任何东西, 收纳与书房放在别的地方, 家人一起使用。

Plan D 的卧室, 除了睡觉还可以做其他事情。

    Plan A 是夫妻分开睡在自己独立的卧室里。在我们之前实施的问卷调查中, 有 30% 的人选择"夫妻分开睡在自己的卧室较好", 其原因各种各样, 最多的原因在于两个人的生活节奏不一样, 还有, 随着年龄的增长, 更多人认为夫妻分开睡较好。

    Plan B 是家人都睡在一起的方案,

Plan A　夫妻分开睡在独立的卧室里

参考 → Plan 06 "一个人睡" (p.178)

Plan B　大家睡在一起

参考 → Plan 07 "家人睡在一起" (p.179)

Plan C　大开间

参考 → Plan 09 "用家具来分隔卧室空间" (p.181)

Plan D　注重隐私

参考 → Plan 08 "大卧室" (p.180)

孩子还小的时候选择这种方式的人较多。

　　Plan C 是将很大的空间，用家具来分隔，而不是用墙面做隔断，每个空间松散地连接着。

　　Plan D 是注重隐私的方案，卧室除了作为睡觉空间以外，还是每个人独有的空间。

　　对于卧室的想法有很多：完全不分开，只分开夫妻卧室，分开夫妻卧室但不分开儿童房，夫妻卧室和儿童房都分开，

等等，除此之外，还可以考虑随着家人的成长重新布置空间。这些想法有可能会影响到收纳与书房的位置。

　　从注重隐私的观点来看，我们需要考虑要阻挡的是只有视线，还是连声音都要隔断。

　　建议大家根据自己的生活方式来考虑"如何睡觉"。

吃饭

睡觉

洗浴

放松

家务

收纳

工作

内与外·土间

两代同居

高度差

走廊

南玄关

老年生活

紧凑生活

和室

可变性

Column 06

缩小每个房间
充分利用走廊

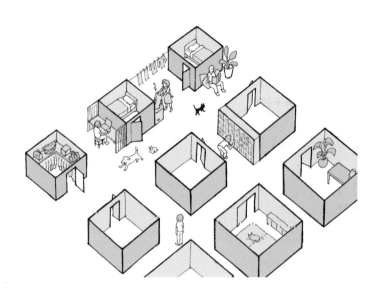

走廊不仅仅是通道，我们还可以考虑其他用途。为了充分利用走廊，我们将每个房间只当做睡觉的空间并缩小到最低程度。虽然是很小的空间，但是只将它当做睡觉的地方，什么都不放的话，也可以睡得很舒服。

通常的设计中，每个房间里都有收纳和工作空间，这里我们将收纳和工作空间放在走廊，缩小每个房间的面积，使共用空间扩大。扩大后的共用空间，

可以用于家人共用的衣帽间、书房、次客厅等等其他用途。

有人反映，夫妻两个人的生活节奏不一样，不想影响彼此的睡眠。针对这一问题，我们分开了夫妻的卧室，一字摆放夫妻各自的床。

Plan A 的收纳空间在走廊，自己和其他人的东西分开收纳在走廊。另外，还有较大的共用衣帽间，确保了足够的收纳空间。

Plan A　走廊收纳+书房

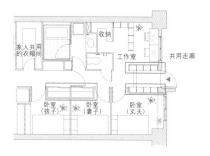

Plan B　走廊书房

Plan C　走廊书房+拉门

Plan D　走廊洗面台

在共用衣帽间里收纳家里所有的东西，有需要的时候去衣帽间拿出来用，用完了放回原处，我们在本案中建议过这样的收纳生活。在家里不乱放东西，干净整洁的空间是可以让人感觉很宽敞的。

Plan B 在走廊放了书桌，书桌前的墙面还装了书柜，跟 Plan A 一样设置了共用衣帽间，还设置了次客厅。

Plan C 用拉门隐藏起书桌。夫妻两个人的卧室没有完全分开，用家具来模糊地分开空间。

Plan D 在走廊放置了洗面台和洗衣机，这样可以缩小洗漱间的面积。共用书桌放在客厅的一角。跟其他方案一样做了共用衣帽间。此外，玄关部分留了较大的空间，这里有阳光与风，使走廊空间感觉更开放。一般公寓空间是有限的，重新考虑卧室功能或许就能做出更舒适的居住环境。

吃饭

睡觉

洗浴

放松

家务

收纳

工作

内与外·土间

两代同居

高度差

走廊

南玄关

老年生活

紧凑生活

和室

可变性

Column 07

可移动的厨房和浴缸

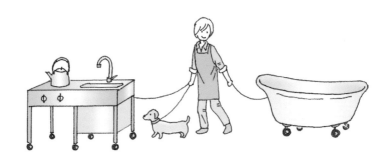

我们在第 36 页的专栏中介绍了可以随时移动的、如家具般的厨房。在这里，我们要介绍包括浴缸在内的可移动的用水设备。

首先是厨房，右页左下图的厨房，中间是宽 1.2 米的厨房操作台，两边各有一块宽 0.6 米的台面，展开两边的台面后整体宽 2.4 米。平时使用中间的厨房操作台，偶尔有派对或者要好好做饭的时候，可以展开两边的台面使用。

操作台的下面还带着轮子，可以移动，比如可以将厨房操作台放在房间里或者阳台上，根据需要随时移动。

右页右下图，是可移动的浴缸，它跟厨房一样，可以放在客厅里，边看电视边泡澡；也可以放在阳台，享受露天浴场的感觉，有各种有趣的使用方式。实际上，要想移动浴缸会有技术上的困难，但我们认为这个问题总有一天会解决的。

在以前，用水设备是建筑的一部分，是固定的，但如果它们可以如家具般随时移动，设备旧了就更方便换新的，而且搬家时也可以带走。用水设备如果有可移动性，那么就能给未来的居住形式带来很大的可能性。

如果真的可以实现可移动的厨房和浴缸，用水设备有可能离用户更近，用户也会对这些设备产生更亲密的感觉，会更重视它们。

对可移动的用水设备，大家都有什么样的看法呢？

吃饭

睡觉

洗浴

放松

家务

收纳

工作

内与外·
土间

两代同居

高度差

走廊

南玄关

老年生活

紧凑生活

和室

可变性

可移动的厨房和浴缸

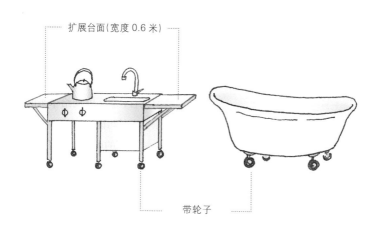

扩展台面(宽度 0.6 米)

带轮子

Column 08

让洗衣更顺畅的
五个户型方案

参考我们所做的关于洗衣服的问卷调查结果（第159页），在这里我们提出五个方案。

在问卷调查过程中，我们发现晾衣服也是因人而异，有很多种方法，主要可以分为以下四种：

1. 使用浴室烘干机
2. 使用烘干机
3. 在室内晾衣服
4. 有独立的晾衣间

除了这四种办法以外，还有不少人希望有如下的环境，比如边做家务边跟家人聊天或看电视，或者让家人主动帮

忙做家务，包括让家人收拾整理晾干的衣服等等。我们参考这些建议，设计了五个方案。

Plan A 设计了从有洗衣机的洗漱间经过厨房到阳台的生活动线；Plan B在阳台设计了可以同时容纳洗衣机和烘干机的洗衣间；Plan C 在厨房和餐厅中间放了家务台；Plan D 将家务台放在客厅的一角。最后的 Plan E 将 Plan C、D 的家务台扩大了一点。

有晾衣间的户型、边和家人聊天边做家务的户型、专门设置了家务空间的户型，大家觉得怎么样？

Plan A

直达阳台的洗衣动线

从厨房、走廊都可以进入洗漱间。洗衣机对面还放了家务台。

Plan B

独立的洗衣间

便于直接将洗好的衣服晾在阳台。洗衣间靠近外墙，可以安装需要排气的燃气烘干机。

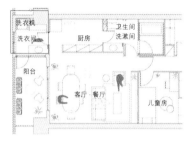

Plan C

独立的洗衣间＋小家务台

在厨房和餐厅中间放家务台，可以边跟家人聊天边做家务。

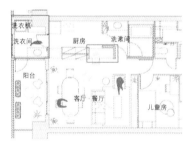

Plan D

独立的洗衣间＋客厅内家务台

家务台放在客厅里，也可以当做共用书桌使用。

Plan E

独立的洗衣间＋客厅内的大家务台

家务台可以当做夫妻两个人的书桌使用。

参考 → Enquête 11 "洗衣服"（p.159）
　　　 Plan 19 "一条直线的家务动线 I、II、III"（p.194～196）

右侧栏目：吃饭　睡觉　洗浴　放松　**家务**　收纳　**工作**　内与外·土间　两代同居　高度差　走廊　南玄关　老年生活　紧凑生活　和室　可变性

Column 09

如果有共用的烘干机

　　由于各种各样的原因，可能有很多人白天不能洗衣服，只能在晚上洗。此外，由于天气原因，有时候也有衣服不好干等情况。在这种时候，烘干机是很有用的。在这里，让我们思考一下在公寓公共区域里放置共用烘干机的可能性。

　　从烘干的速度和效果来考虑，燃气烘干机比电烘干机要好用。所以我们也考虑采用燃气烘干机，利用电梯旁边的空间（图A）。如果将共用烘干机放置在公寓一层或者地下，使用起来不太方便，因此我们在各楼层放置一两台，更方便大家使用。

　　放置共用烘干机的地方，平时不用的时候会把门关上。有人使用时，因为烘干室在电梯旁边，所以在等待烘干可能会碰到邻居，由此产生交流。图B

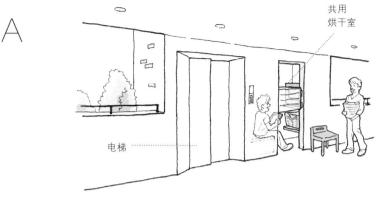

A

共用
烘干室

电梯

B

共用烘干机

热水器或
电水壶等热水设备

共用书柜

共用家务台

共用沙发

儿童角

参考 → Enquête 11 "洗衣服" (p.159)

参考 → Enquête 11 "洗衣服" (p.159)

打造了一个更宽敞空间，除了烘干机以外，还有儿童室，有婴儿的住户可以边看孩子边跟邻居聊天，在此度过悠闲的时间。

还有，在此空间里摆放椅子或沙发的话，排队或等烘干的时候人们可以看看书。这里还准备了热水器等设备，大家可以喝咖啡、喝茶等，享受休息时间。

有人可能想在公寓楼的屋顶上晾衣服。如果是高层公寓，屋顶上风大，不太适合晾晒，但中层公寓的话，屋顶一般没有得到很好的利用，是否可以用于晾衣服呢？

在很多人生活的公寓里，提供大家共用的设备，可以给大家的生活带来更多方便。共用烘干机的想法，大家觉得怎么样？

吃饭
睡觉
洗浴
放松
家务
收纳
工作
内与外·土间
两代同居
高度差
走廊
南玄关
老年生活
紧凑生活
和室
可变性

Column 10

多彩的窗边陈设

窗是连接室外和室内的重要地方，在这里会产生丰富多彩的场景。

比如：老太太开着窗看外面的风景，有人隔着窗与人交谈，有人站在窗边望着窗外沉思，一对情侣在窗边互相依偎着聊天，人们像过去日本住房中那样隔着屋顶对话。我们可以想到很多这样的场景。

但是，最近的公寓楼比较多的是从地面到天花板的大窗户，站在窗边很难想象到这样丰富的场景，我们认为原因可能与窗边的陈设有关。

我们是否需要在窗边做一个使它产生这样场面的设计呢？比如说设计出有扶手的地方、可以坐下来的地方、放杯子的地方等等。

另外，窗户的高度也很重要，如果是景色好的房间，调整窗户的大小和高

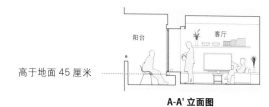

客厅
窗台
洗漱间
阳台
餐厅
厨房
客厅

阳台

高于地面45厘米

A-A' 立面图

B-B' 立面图

吃饭

睡觉

洗浴

放松

家务

收纳

工作

内与外·土间

两代同居

高度差

走廊

南玄关

老年生活

紧凑生活

和室

可变性

度，让人能够坐着看外面的风景，这个想法如何？不管是一个人独处的时光，还是与恋人或朋友共享的时光，都能坐在窗边好好享受唯美的景观或者外面自然的声音。

本案在高于地面45厘米的地方安装了大窗户，还设计了窗台，人们可以坐在这里，阳台上也可以放桌子。

这样的窗户才能成为连接室内外的重要元素。搬东西或者给外边的人端茶的时候可以放在窗台上，也可以放上靠垫坐着看看书、听听音乐、喝喝茶。

偶尔看看外边的风景，在繁忙的生活中，将您的意识转移到容易被忽视的自然环境的细微变化上。窗户可以给生活带来丰富的色彩，是很重要的地方。

Column 11

地面高度与
坐在地板上的生活

在之前的问卷调查中，高达 72%的人选择了坐在地板上的生活。比如，想躺在地上看电视的人、觉得在客厅坐在地上比坐沙发舒服的人占了多数，从这个结果来看，坐在地上的生活还真是日本特有的文化。从脱鞋进屋这样的生活习惯可以看出日本人爱干净，也正因为如此，坐在地板上的生活才有可能实现。另外，躺在榻榻米上放松自己，也是日本独特的生活方式。

从日本住宅的历史可以了解到，有独立厨房并在餐厅使用桌椅的生活，是 1950 年代末期才开始的，这种生活方式的历史其实不算长。

椅子的使用固定了吃饭的地方，换句话说，在此之前吃饭的时候是使用可折叠的桌子，睡觉的时候将桌子折叠起来放在旁边，并在同一个地方睡觉，而开始使用椅子之后，吃饭和睡觉在同一个空间的生活方式变成了吃饭、睡觉分开的生活方式。

不过，使用椅子的生活会带来坐椅子的人和坐在地上的人视线高度不一样或让人觉得天花板太矮等问题。1950年代的日本，一般住房的天花板高度是 2.1 米左右，坐椅子和坐在地上相比视

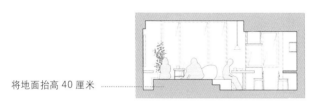

将地面抬高 40 厘米 ·········

A-A' 立面图　　　　[编辑注：图中"FL"指地板高度]

吃饭

睡觉

洗浴

放松

家务

收纳

工作

内与外·
土间

两代同居

高度差

走廊

南玄关

老年生活

紧凑生活

和室

可变性

线高度有 40 厘米的差异。

现在的公寓是基于坐椅子的生活习惯设计的，天花板高度是 2.4 米左右，因此，坐在地板上的话，也许也会感觉天花板有点高。

于是我们分别调整了坐在地上的空间和坐椅子的空间的地面高度。

上图中，厨房、走廊等空间的地面高度是没有调整的，坐在地板上的空间地面高度被稍微抬高了，桌子放在此空间旁边，就像下沉式被炉一样，这样人们就可以直接坐在台阶上。像这样，调整地面高度便可以解决坐椅子和坐在

地板上的人视线高度不一样的问题。另外，抬高地面后，地下空间可以用于收纳，这也是增加收纳空间的有效方法。

还有，阳台的高度也可以跟坐在地板上的空间一样抬高，这样感觉上空间会更大一点。

最近，在欧美国家也经常看到进屋时换拖鞋的生活方式，脱鞋坐在地上的舒适感，也许是令人难忘的感觉。

现在的日本住房即使是寒冬也是很暖和的，家人可以围坐在被炉里，合家团聚。大家是否会重新考虑坐在地板上的生活呢？

Column 11

厨房与客厅之间的高度差

利用高度差设计出的收纳空间

地下收纳

可以围坐的炉台

可以坐下来的玄关 / 土间

吃饭

睡觉

洗浴

放松

家务

收纳

工作

内与外·
土间

两代同居

高度差

走廊

南玄关

老年生活

紧凑生活

和室

可变性

Column 12

为了让育儿、工作两不误

有了孩子的女性不能出门工作，其原因在于工作时间和育儿、家务时间难以合理地调整。考虑到接送孩子的时间、做家务的时间和环境，很多人认为工作地点离家近一点比较好。

在之前的问卷调查中，对于"生孩子后您回到原来的工作了吗"的提问，62%的人回答"想回到原来的工作"，22%的人回答"没有回到原来的工作"。很多人无法解决工作时间与地点的问题，

因而选择了放弃原来的工作。

"远程办公"是解决这个问题的方案之一，利用网络来实现和在单位工作一样的家庭工作环境。单位的上司电脑上会显示员工的上线情况，有事可以在网上进行会话。不过现在有这种工作环境的企业还不是很多。

这里要给大家介绍一下设有这样工作环境的机构案例。

该机构接下企业的工作，并将其委

参考 → Enquête 03 "少子化、老龄化和育儿"（p.129）、Enquête 05 "育儿和工作"（p.136）

吃饭

睡觉

洗浴

放松

家务

收纳

工作

内与外·
土间

两代同居

高度差

走廊

南玄关

老年生活

紧凑生活

和室

可变性

托给想工作却不能工作的妈妈们。这个机构还运营可以跟其他人分享办公场所的联合办公室，在这里，大家彼此帮忙照看孩子，实现了可以让妈妈们专心工作的环境。

该机构接受的工作内容有很多种：数据录入，网站、平面广告、名片、LOGO 的制作，活动筹备，顾客管理，电脑初始设置，市场调研等等。在这里得到的薪水则根据工作人员的技能与经验来调整。

至今为止，我们只能自己付钱购买育儿与工作两不误的住房环境或服务，或者是由企业来解决问题。而现在，有类似新服务的时代也许就要到来。

如果这样的新服务或如远程办公等可以育儿、工作两不误的工作形式增多，我们的社会就有可能变为更易于育儿的社会。

Column 13

住得很近的两代人

　　自古以来，两代同居好像都会有些难处，在日本有一句常说的话：住在"一碗汤不会凉的距离"比较好。由于少子化、老龄化、不婚的年轻人增加等，日本的家庭结构产生了变化，应该有不少人为未来着想，选择住在父母附近。于是，让我们一起思考一下，在同一幢公寓楼内父母和孩子们分开住的生活方式。

　　现在我们假设有两代人：父母这代是独居的、腰腿不太好的母亲（75岁）；孩子这一代是45岁的夫妻带着一个上大学的儿子。

　　让我们想象一下两代人保持一定的距离在同一幢公寓楼内分居，并共用一

孩子的家庭

父母的家庭

公寓楼共用区域，
两个家庭可以一起参加
娱乐或工作坊活动。

吃饭

睡觉

洗浴

放松

家务

收纳

工作

内与外·
土间

两代同居

高度差

走廊

南玄关

老年生活

紧凑生活

和室

可变性

部分空间的居住形式。

母亲平常都在孩子家和孩子们一起吃饭，所以母亲家的厨房可以小一点，母亲的房子有较大的客厅，有朋友们聚会的空间，还有书房，母亲可以在这里练书法。还有，母亲家在一楼，带有私人庭院，可以建家庭菜园，两个家庭可以一起养植物。

另外，孩子这一代的家在最顶层，窗外风景很好，夏季的晚上，大家一起观赏烟花，该有多好。

家庭结构变化、少子化、老龄化成为重大问题的现状之下，孩子们和父母在同一幢公寓楼里分居，大家觉得如何？

Column 14
与成年子女同居

　　就业之后就开始自己独立生活，曾被认为是理所当然的事情。

　　但最近，越来越多的人到了一定年龄也仍然住在父母家。即使独立生活一段时间，也有可能遇到什么事情就回去。考虑到经济问题和家务烦恼，与父母同居有可能更轻松一些。对父母来说，虽然同居可能会放心一点，但也有可能不希望生活节奏不一样的孩子们打扰自己的生活。

　　那么，让我们思考一下适宜成年子女与父母同居的户型。

　　我们假设要为这样的家庭做出方案：父母年龄 50 ~ 60 岁左右，还很健康、活跃，有一个 30 岁左右的孩子。

　　右图方案中的房子并不算很大，我们考虑了父母和孩子各自的生活动线，确保了隐私空间。同时，由于父母和孩子生活节奏不一样，我们在共用空间上下了功夫，设计了不打扰彼此生活的户型。

　　首先，孩子的卧室在靠近玄关的地

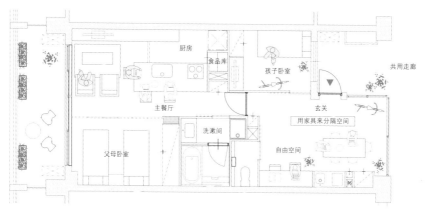

主餐厅　厨房　食品库　孩子卧室　共用走廊　玄关　用家具来分隔空间　洗漱间　父母卧室　自由空间

参考 → Plan 34 "与成年子女的两代同居 I"（p.215）、Plan 35 "与成年子女的两代同居 II"（p.216）

吃饭

睡觉

洗浴

放松

家务

收纳

工作

内与外·土间

两代同居

高度差

走廊

南玄关

老年生活

紧凑生活

和室

可变性

方，旁边有小型厨房和工作台，这里是放松的空间，可以喝茶、吃饭、看电视、听音乐等。孩子的朋友来做客时也在这里招待。这个空间晚上主要是孩子用，白天主要是父母使用，我们假设父母会有较充裕的时间，所以把这个空间当成白天父母用于与邻居或朋友聚会、交流的场所。

在公寓楼设计里，玄关与共用走廊通常是用墙面做隔断的，但在这里我们采用玻璃墙，感觉更加开放，从室内外可以感觉到彼此的气息。邻居路过这里的话，也可以来坐坐、聊聊天。

另外，父母卧室是朝南的，卧室里靠浴室的墙面放衣柜，衣柜能起到隔断的效果，可以隔开孩子很晚回家时泡澡的声音。

父母卧室对面就是主餐厅和厨房，有较大的餐桌，大家休息的时候在这里一起用餐。

怎么样，父母与成年子女一起生活的户型，大家觉得好吗?

Column 15

适合老年人生活的户型

随着人口老龄化的发展，老年人购买公寓的机会也在增多。越来越多的人想卖掉现有的房子，住在面积不大但生活方便的地方。

针对种趋势，我们居住实验室"sumai LAB"提出过与孩子同居的户型等方案，但在这里，我们设计的是适合老年人独居或者夫妻两个人住的 60 平方米左右的户型（右页图）。

在本方案中，我们将客厅设计在靠近玄关的位置，并在附近设计了厨房。而需要保护隐私的夫妻两个人的卧室，则设计在靠近阳台的位置。如果只需要一个卧室，那么另外一个卧室可以用做次客厅等适合白天使用的空间，也可以根据季节或气候用于别的用途。

进门就是客厅

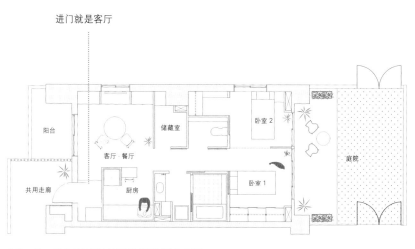

参考 → Plan 44 "从南边进屋 I 将厨房放在玄关" (p.226)

吃饭

睡觉

洗浴

放松

家务

收纳

工作

内与外·
土间

两代同居

高度差

走廊

南玄关

老年生活

紧凑生活

和室

可变性

考虑到老年人往往会拥有许多东西，我们设计了比一般公寓更多的收纳空间。当然，处理掉不用的东西，只保留需要的东西，这样的生活方式也是很重要的。

靠近玄关部分的客厅，设计成连着室外走廊的样式，这样会有改善通风、采光的效果，同时也可以增加跟邻居交流的机会。

另外，每个房间的门都采用拉门，厨房和洗面台的下面是留空的，地面也是平整的，适用于坐轮椅生活的人。拉门打开的时候易于通风，而且让人觉得空间很开阔，不管人在哪里都能感觉到对方的气息。

我们认为，随着老龄化的发展，这种适宜老年人生活的户型会越来越被重视。

Column 16
老年人的独居生活

日本每户家庭的平均人数为 2.4 人，独居生活者占 34%（2010 年，日本总务省全国人口普查）。独居生活率较高的原因，一方面是独居生活的老年人逐渐增加，另一方面是未婚人口的增加。这可能是成熟国家的命运，现在日本老龄化比率位居世界第一，到 2050 年，日本 65 岁以上人口占总人口的比率预测将达到 40%。

没有家人、独自居住的老年人，身体还健康的时候还好，但到了需要看护的时候就会觉得很不安。在日本，在医院度过人生最后一段时间的人较多，可是以后医生、护士和医疗设施的数量会逐渐变得不够，在家孤独终老的人也会越来越多。

从这些问题可以得出一个假设：老年人身体状况好的时候，或许需要更多和其他人交流。在之前的调查中，有很多人回答，身体状况好的时候还是想工作。我们是不是可以考虑打造一个让身体状况好的老年人更多接触邻居或社会的社会结构？

其实日本原来是地域性交流活动较多的国家，日本国民不管好坏，都会彼此关心，过去一直维持着"邻组"（编辑注：5~10 户为一个单位的一种旧时地区性行政组织）"公共地""公共山地"等大家彼此关心的社会结构。但随着战后城市化的

吃饭

睡觉

洗浴

放松

家务

收纳

工作

内与外·
土间

两代同居

高度差

走廊

南玄关

老年生活

紧凑生活

和室

可变性

快速发展,日本社会忽略了和邻居接触的机会,更加看重个人的独立生活。

　　我们现在介绍的老年人的独居生活问题,解决方案的一个线索,就是荷兰斯派克尼瑟的一家老年人自己运营的社区"Paganini Hof"的案例。

　　"Paganini Hof"里住着70名左右的老年人。55岁起就可以入住,身体状况好的时候,他们帮助比自己年龄大或者需要看护的人生活。根据帮助别人的时间累计积分,当你需要别人帮助的时候,就可以使用自己积累下来的积分。有意思的是,这样的生活方式可以让整个社区更加活跃,让在社区生活的

老年人身体健康的时间更长。只构建社区的框架的话,人不会自然地来住,没有具体的内容,社区是不会起作用的。"Paganini Hof"的案例,给社区的运营带来了很大的启示。

　　人在身体状况好的时候,一般不能主动地接受人会死去的现实。可是人都会变老,都会死去,这是不可避免的。

　　老龄化已成为日本面临的一个很严重的社会问题,一定要认真考虑老年人独居这件事,考虑有助于老年人独居生活的设施、运营方法,以及结构等多种问题。除去未来的顾虑,我们才能享受现在的生活。

Column 17

思考住房的体积
而不是面积

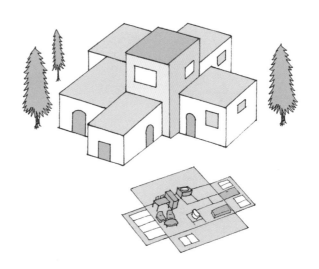

　　说到住房的大小，通常都是由面积决定的，但吊顶高的住房怎么看大小呢？

　　公寓楼最顶层的房间天花板比较高，有些建筑的地基不平整，导致住宅中位于一层的房间地面有高有低，也会增加房间的高度。吊顶高的空间让人感觉空间宽敞，如果做阁楼的话，可以更有效地利用空间。

　　在这里，我们假设房间的吊顶高 3.5米，考虑了房间上部空间的利用方法。

　　Plan A 上面是卧室，下面是收纳空间。卧室部分因为房间地面高度不一样，所以没有隔墙也可以遮挡视线，而且应该能感觉到空间更加宽敞。靠近玄关的部分留了较大的空间，可以作为多功能空间、工作房间来使用，如果客人多的话，还可以当做接待客人的空间。Plan B 的卧室小一点，下面是收纳空间。靠近玄关的空间，上部是阁楼，下部可以用于办公，与土间（指未铺地板的素土地面）相连。Plan C 调高了地面，地下留出了收纳空间，上面的次客厅放了下沉式被炉。

　　这种吊顶高的房间，可以通过调整地面高度或者设置阁楼的方式来更有效地利用空间。

Plan A　卧室

卧室

兴趣爱好或工作用空间

阳台

客厅

玄关

收纳空间

Plan B　卧室+阁楼

阁楼

阳台

客厅

土间

玄关

书房

Plan C　次客厅+工作空间

阳台

客厅

次客厅

儿童房

玄关

地板下方的收纳空间

参考 → Plan 40 "打造阁楼" (p.222)

吃饭

睡觉

洗浴

放松

家务

收纳

工作

内与外·土间

两代同居

高度差

走廊

南玄关

老年生活

紧凑生活

和室

可变性

Column 17

Plan A 当成主卧使用 平面图

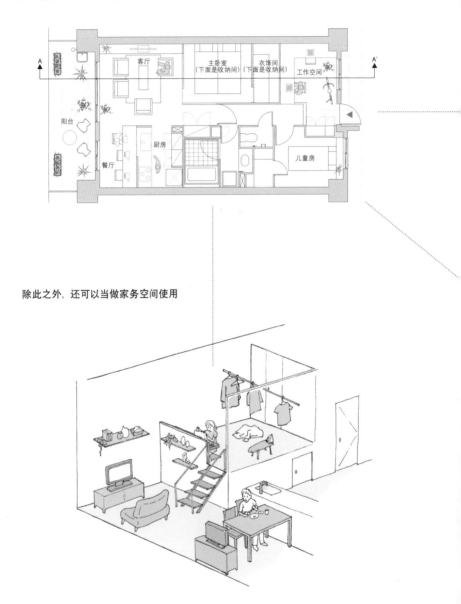

除此之外，还可以当做家务空间使用

当做儿童房使用

当做兴趣爱好空间使用

吃饭

睡觉

洗浴

放松

家务

收纳

工作

内与外·
土间

两代同居

高度差

走廊

南玄关

老年生活

紧凑生活

和室

可变性

Column 18

将房间当做家具来看

在这里，我们要提出一个有趣的建议。比如将浴室、卫生间等用水设备假设为可移动的，或者，将每个房间设计成一套组合套件，能在家里任何地方随意布置，大家觉得怎么样呢？

在右页的方案中，我们将用水设备集中放在房子的中央部分，然后将其他三个房间各看做一套组合套件，放置在想放的地方。除此以外的部分是通道，就像家里出现的"街道"一样。如果在每个房间套件上方留出空间，还可以用于收纳或者建造书房等等，这么想是不是很有趣？

根据心情或生活方式的变化，可以在家里随时移动每组房间套件，让户型自由自在地变化。如果要搬家，您也可

吃饭

睡觉

洗浴

放松

家务

收纳

工作

内与外·
土间

两代同居

高度差

走廊

南玄关

老年生活

紧凑生活

和室

可变性

将用水设备变成套件的方案

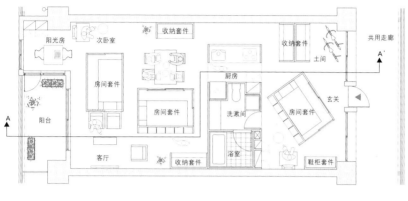

A-A' 立面图

以拆卸每组房间套件，并在新的家里重新组装使用。

这些房间套件不光是内侧，外侧也可以使用。每组房间套件的墙面上可以装窗户、书柜，也可以用喜欢的颜色来涂装，用砖头装饰等等，不仅可以移动，还可以随心所欲地改变样式。

将每一个房间做成一组房间套件的方案，其问题在于配电和上下水等设备管线。对此，我们可以把房间套件的地面调高，下面留出空间安装有倾斜度的管线。而且调高地面也有给空间增添变化的效果，每个房间的地面高度不一定是一样的。

在很大的开间里，像摆放家具一样放置每组房间套件，大家觉得如何？

Column 18

房间套件：“迷你外廊”和装饰墙

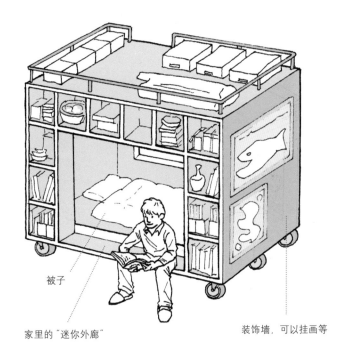

被子

家里的“迷你外廊”

装饰墙，可以挂画等

吃饭

睡觉

洗浴

放松

家务

收纳

工作

内与外·
土间

两代同居

高度差

走廊

南玄关

老年生活

紧凑生活

和室

可变性

房间套件:阁楼和窗户

用于收纳或当做床的"阁楼"

家中的窗户

Column 19

室内、室外与中间区域

曾经，日本的住房有外廊、土间等连着外面，可又不明确是室内还是室外的区域，可以说它是室内与室外的中间区域。以前的日本人在这里坐着聊天、交流，这一中间区域可以让我们的生活更加丰富，它不仅提供了让人与人产生交流的场所，还提供了人与自然环境的接触点。从室内看出去，格子窗、房檐等切出来的景观就像一幅画一样，可以

说它们是为了让人在室内欣赏室外景观的房屋构造。另外，坐在外廊，以外面的山景为背景观赏自家庭院，可以通过庭院的植物感觉到季节的变化。

我们可以想象一下，在公寓楼里面是否也可以设计外廊这样的中间区域？请看我们设计的方案。

在本方案中，我们在阳台外面设计了像外廊一样可以坐的地方，也可以铺地

连接室外和室内的方案

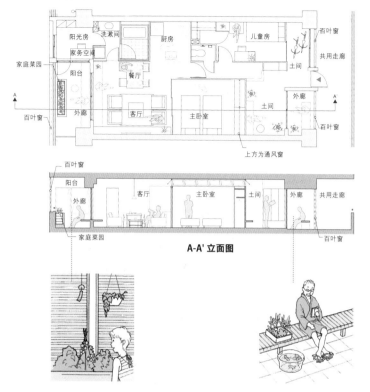

A-A' 立面图

使用百叶窗，可以将室外空间变得像室内一般。

玄关设计了外廊，可以坐在这里与邻居们聊天、交流。

参考 → Plan 32 "在阳台和土间设置外廊"（p.212）

板跟室内连接，还可以做家庭菜园。我们还用玻璃隔墙将阳台的一部分做成了阳光房。在阳台的围栏上方，我们安装了百叶窗，这样即使没有完全用墙隔离也可以遮挡阳光。

另外，我们在玄关部分设计了外廊和土间。关上百叶窗就可以打造出室内空间。玄关内的土间较大，可以直接放自行车。考虑到通风，门窗也设计得比较大，并且可以全部敞开，如此一来，阳台到玄关一下子就有了空气流动，形成了风。

在家里设计中间区域，能将阳光与风引入室内，还可以布置盆栽、绿植等，使用方法很多。冬天坐在朝南的比较温暖的外廊，夏天则坐在朝北的凉快的地方，可以根据不同季节更换地方享受室内与室外相连的空间。

吃饭

睡觉

洗浴

放松

家务

收纳

工作

内与外·土间

两代同居

高度差

走廊

南玄关

老年生活

紧凑生活

和室

可变性

Column 20

"食品邮箱"

　　最近出现了很多食材配送服务。可以每天配送烹饪食品原料，每餐配送外卖便当，还可以定期从原产地直送蔬菜，种类多样。

　　随着独居人口越来越多，以及老龄化与少子化的加剧，考虑到家里的食材多余或浪费的问题，利用这样的食材配送服务也是很合理的。读者之中可能有很多人已经在使用这样的服务。

　　可是，这样的服务也带来了一些问题，比如，等待配送时不能随时出门，如果派送时家里没人就得再安排派送或者去领取，有时候也不方便。

　　作为解决这些问题的一种方案，我们是否可以在家门口放"食品邮箱"，允许事先登记并获得了入门许可的配送人

食品邮箱

"食品邮箱"

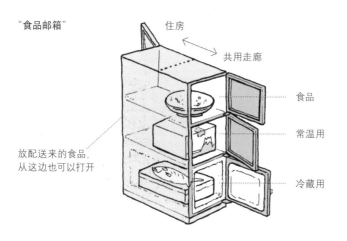

住房

共用走廊

食品

常温用

冷藏用

放配送来的食品，
从这边也可以打开

参考 → Enquête 10 ˝食品配送服务˝ (p.156)

吃饭

睡觉

洗浴

放松

家务

收纳

工作

内与外·
土间

两代同居

高度差

走廊

南玄关

老年生活

紧凑生活

和室

可变性

员进入到公寓楼内，将货物放入"邮箱"？

每个公寓或小区都有管理规则，其中也有关于安保制度的详细规定，可是，随着时代的变化，也有一些规定应当考虑进行修订。

除了根据生活方便修改规则之外，我们还考虑到在每户家门口乱放配送来的食物或者快递等东西不太美观，提出了在家门口设置"食品邮箱"来接收并收纳食品或其他东西的方案。如此一来，玄关部分看起来也很干净。

怎么样？类似"食品邮箱"这种让公寓生活更加方便的措施，应该还有很多。另外，需要重新考虑的管理规定也很多，我们可以继续思考。

Column 21

玄关庭院

在独栋住宅的门口放植物等装饰是很普遍的，但一般公寓的家门口没有太多地方，装饰是很有限的。而如果公寓的门廊有较大的空间，可以做的事情就多了。

比如说，可以摆放混栽的季节性植物、摆件、平时用的自行车，这样就可以把门口当做小小的美术馆。门

口的墙面或者天花板如果提前安装了挂钩，便可随时布置，挂上花环、花木箱等。

那么，我们是否也可以把玄关门廊当做"庭院"来看呢? 右页是将较大的玄关设计成"玄关庭院"的方案。放置植物的台子也可以当椅子使用，供人们

玄关庭院

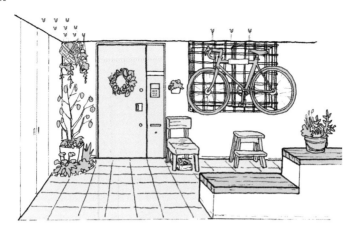

可以当椅子的花台

花台下面的收纳空间

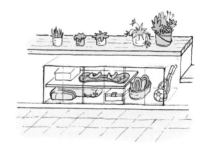

吃饭

睡觉

洗浴

放松

家务

收纳

工作

内与外·
土间

两代同居

高度差

走廊

南玄关

老年生活

紧凑生活

和室

可变性

换鞋、系鞋带、放包等。台子还有隔墙的作用。

　　玄关庭院还是一处好用的大型收纳空间，收纳如户外烤肉用具、野营装备、滑雪板、靴子、儿童车、三轮车等在家里不好收纳，但又不能放在外面的东西。其实这样的东西现在的生活中有很多。

　　休息的日子从外面游玩回来时，先在这里收拾东西之后再进屋的话，整理起来就很简单了，这样也便于保持室内的卫生。

　　怎么样？如果公寓门廊空间较大，就可以在这里展示每个家庭的特点，充分利用外面的空间，生活也能更丰富。

Column 22

有别邸的家

说起别邸，大多数人会想到位于庭院里的茶室或和室。从平时生活的住房经过走廊或庭院到达别邸，可以离开日常生活，度过别样的时光。

以前，这里或许只是离开日常，安静深思的地方。带着清醒的五感，看着外面的景观，感觉到季节的变化，听鸟声、风声，在如此静谧的环境下，面对自己的内心——原来的别邸，或许就是这样的地方。

如果有别邸，大家想将它设计成什么样的空间呢？不用担心隔音问题的音响室、书房，修理自行车或钓鱼用具的房间等，可以想到很多用途。

建别邸的时候，不能忘记它和庭院的关系。即使是小庭院，也要重视经过庭院到达别邸的距离或环境，有这个距离或环境，才能转换心情离开日常生活。日本茶室有个叫"膝行口"的小入口，经过这个小入口进屋，起到了让人们离开日常生活的作用。

还有，从别邸的窗户望出去的视野也要精心考虑，从室内通过窗户不可以看到能感觉到日常生活的东西。即使是小庭院，也可以通过窗口的景观使人到环境的开阔感。

The Parkhouse 上鹭宫
别邸（2014 年竣工）

参考 → Plan 50 "打造作为茶室的别邸"（p.232）

　　在这里，我们假设在公寓楼的地下一层建别邸。地下一般湿气大，但别邸与房屋之间有庭院，可以引入外面的风和阳光，也有防潮作用。我们用绿植来遮挡视线，并在庭院放了踏脚石，让道路富有变化。因为是地下，别邸的空间自然与周边的风景隔开，便于打造出静谧的空间。

　　我们在门口建了遮挡视线的墙，可以起到转换心情、让人离开日常生活的作用。此外，窗户装在靠下的位置，使人们从室内只能看到最近处的景观。如果在地面铺上榻榻米，并设置小小的壁

龛的话会更好。如果在后院里设计一个小小的小池，那么还能在这里插花或沏茶。

　　一个人独自在这里，可以远离日常生活的喧嚣，喝喝茶或什么也不做，安安静静地度过时间。偶尔也可以找朋友相伴，共享聊天的时光。

　　我们基于这样的想法，在东京上鹭宫建了"有别邸的家"（上图）。

　　这是公寓楼的样板间，我们将别邸设定为用于兴趣爱好的房间，像这样的现代别邸，大家觉得怎么样？

吃饭

睡觉

洗浴

放松

家务

收纳

工作

内与外·
土间

两代同居

高度差

走廊

南玄关

老年生活

紧凑生活

和室

可变性

Column 23

定制公寓

可以在入住时选择屋内陈设或者自由进行改装的"定制型租赁公寓"，现在逐渐出现在市场上。而对于购置的公寓，我认为也应该多一些设备或布置上的选择空间。

很多人愿意根据自己的喜好或生活习惯来选择公寓。

按现在的购买制度购买公寓时，开发商会预先提供大约三种设备或布置的备选方案，让购买者从中选择。

墙面或门窗的颜色和材料，还有浴室或厨房的设备等等，这些都只能从开发商规定的方案中选择。但市场上是有很多产品的，购买者需要更多的选择。

当然，开发商是根据市场趋势或消费者需求来开发符合更多人需求的产品，但是这样一般很难满足每个人的具体要求。

比如说墙面，除了白色的墙纸，购房者肯定还想要从更多颜色中选择，还会想根据自己选好的家具来搭配墙面的材质。厨房、浴室也是，使用中的便利性和喜好，每个人都是不一样的。

吃饭

睡觉

洗浴

放松

家务

收纳

工作

内与外·
土间

两代同居

高度差

走廊

南玄关

老年生活

紧凑生活

和室

可变性

浴室、厨房和卫生间等用水空间的位置也可以有选择的余地。比如说，购买房子的时候，将房间限制到必要的最少数量，每个房间可以大一点，当家庭出现变化，比如有了孩子，可以根据需要增加墙面以分隔空间。

从固定户型的公寓到可改户型的公寓，我们对公寓的认识或者生活方式也会有很大变化。

如果购买公寓后可以改变户型的话，最初就不需要做到完美。比如厨房，有操作台、水池、炉子即可，收纳或柜子

后续再添加也可以。根据需要添加，这种拥有东西的方式，会使生活更加简单。

要实现这样的公寓，需要开发商更加努力。还有，设备配管也需要费工夫，购买公寓后添加墙面，则需要考虑插线板、照明灯具的位置等。考虑到设备配管的可移动性，在地下部分需要预留空间。还有，考虑到购买公寓后拆除墙壁的可能性，最好不要装固定家具。

需要解决的问题是很多的，但我们认为，今后市场对这种具有可变性的公寓的需求会增加。大家觉得呢?

Column 24

可选户型的公寓

前面我们介绍了可以选设备或户型的公寓方案，在这里我们将介绍借鉴之前在居住实验室"sumai LAB"的网站上搜集了大家的建议而设计的"可自由选择户型的公寓"。

以前的公寓，因为需要将楼内上下层的用水设备设计在同一个位置，所以户型一般是不能轻易改变的。而这里介绍的公寓，因为在地板下面预留了一定的走管线的空间，所以户型可以比较随

可以自由选用水设备位置的 "smart select"

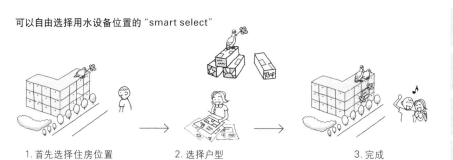

1. 首先选择住房位置　　　2. 选择户型　　　3. 完成

smart select 的户型方案

参考 → Plan 11 "连着阳台的浴室" (p.184)

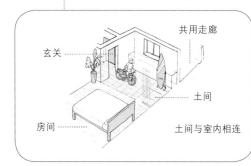

土间从玄关一直延续到房间内

意地改变。

　　以前的公寓，即使你不喜欢住房的位置或者户型也无法改变。而这栋公寓，可以让你根据预算，首先选择中意的住房位置和价格，之后从几个户型备选方案中选择户型。开发商准备的户型方案，不仅有一般的户型，还有前所未有的新户型。

　　这种既可以选择住房位置，也可以选择户型的购买方法，我们称之为 "smart select"。

吃饭

睡觉

洗浴

放松

家务

收纳

工作

内与外·土间

两代同居

高度差

走廊

南玄关

老年生活

紧凑生活

和室

可变性

Column 24

The Parkhouse 茅崎东海岸南 (2012 年竣工)

客厅、餐厅与工作区

从餐厅看阳台

连着阳台的浴室

来介绍一则"smart select"的户型案例。请看上一页的平面图，图中浴室放在靠近朝南阳台的位置，因为这栋公寓楼本身是沿海的，住户可以打开窗户，一边听着海浪的声音，一边享受入浴的时光。出浴后，还可以在阳台上喝啤酒。这在以前的开发项目中是无法想象的。还有，玄关的位置有土间，在这里可以摆放冲浪板、自行车等自己的兴趣爱好用具。在这栋公寓，你能够将自己喜欢

吃饭

睡觉

洗浴

放松

家务

收纳

工作

内与外·土间

两代同居

高度差

走廊

南玄关

老年生活

紧凑生活

和室

可变性

可以用餐的公共广场

有效利用屋顶

的事情放在核心来考虑。这栋公寓还解决了管理方面的难题。比如说，在玄关前面的空间可以放儿童自行车或婴儿手推车，也可以在墙面挂生活用品，等等。

请看上面的图，在作为公共区域的

庭院，住户可以随时饮食，顶层庭院也是开放的，我们在这栋公寓里设计了许多促进住户交流的空间。

以后我们也会继续参考大家的建议，不断地开发能满足大家需求的产品。

Column 25

把垃圾房变为
大家聚集的地方

公寓楼的垃圾房，一般设置在公寓外边的封闭空间中。但是除了厨余垃圾以外，几乎所有垃圾都是没有味道的，如果执行垃圾分类，一部分垃圾可以变为新原料，也有很多是还可以使用的。

如果公寓里不设单纯的垃圾房，而是设有资源回收室，大家觉得怎么样

呢？有没有想过，此空间还能作为住户们交流的地方？

右页图是我们在公寓楼大堂旁边设计的资源回收室。这个空间除了放置垃圾的功能，还是分类、拆分垃圾的地方。塑料瓶可以切碎，罐类可以去掉盖子并压扁，玻璃瓶可以打碎，这样不仅方便

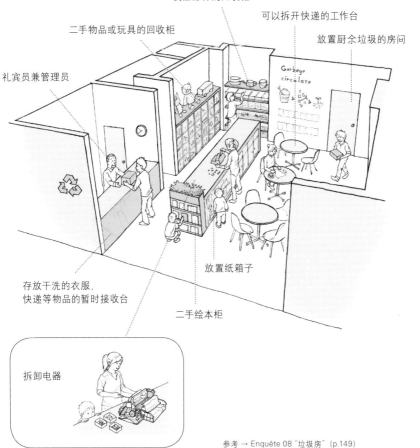

机器部件的回收柜

二手物品或玩具的回收柜

可以拆开快递的工作台

放置厨余垃圾的房间

礼宾员兼管理员

Garbage circulate

存放干洗的衣服、快递等物品的暂时接收台

放置纸箱子

二手绘本柜

拆卸电器

参考 → Enquête 08 "垃圾房" (p.149)

吃饭

睡觉

洗浴

放松

家务

收纳

工作

内与外·土间

两代同居

高度差

走廊

南玄关

老年生活

紧凑生活

和室

可变性

运送，也易于回收。厨余垃圾则放置在密封的专用地点。

另外，邮件或快递也可以在这里打开，从外面回来先放下东西再出去购物的时候，也可以在这里暂时存放物品。

除了拆快递、垃圾分类以外，还可以在这里喝茶、休息。如果有专门的管理人员可以接收快递或干洗的衣服，那就更方便了。在国外，也有装了灯、配备大窗户的开放式垃圾房。

垃圾房不仅是放置废弃物的地方，还可以成为交流场所，这样一来，公寓楼的生活变得更舒适，通常易于流于形式的大堂也可以被有效使用。

Column 26

多功能的社区客厅

　　在本章中，我们多次提到将公寓楼的大堂设计成住户们可以聚集的多功能空间的想法。在多功能空间，可以给邮件分类、拆包裹、拆卸家里不用的大件物品，也可以给大家分享自家不需要的东西。除了可以把家里不看的书籍放在这里共享，还能大家一起喝茶，或分享公告板上的信息。我们的提案就是在公寓楼的大堂里设计可以让住户在日常生活中产生交流的空间。

　　如果公寓楼有这样的空间，平时就可以达到促进住户与住户之间、住户与管理者之间交流的效果，如果可以加强住户之间的信息交流，遇到问题的时候就更容易彼此帮助解决，生活也更方便一些。

　　大部分人还是比较重视住户之间的关系的，可在之前的调查中，只有13%的人回答"平时家里会有人来""有邻居之间的定期交流"。从这个结果来看，实

可以拆包裹、喝茶的社区客厅

吃饭

睡觉

洗浴

放松

家务

收纳

工作

内与外·土间

两代同居

高度差

走廊

南玄关

老年生活

紧凑生活

和室

可变性

碎纸机　　　　泡茶、冲咖啡的用具

公告牌

喝茶的空间

际上住户之间的交流机会好像并不多。

　　大家想和邻居们有联系，但实际上机会并不多。为了解决这一问题，我们还是认为应该在公寓楼里面设计一个多功能的、平时大家可以轻松地聚在一起交流的空间。

　　在美国的一些独栋住宅区，邮箱被设计在便于地区内所有人前往的地方，这样就会很自然地产生和邻居们碰面、交流的机会。

　　将大家一定会路过的地方设计成与邻居们碰面、交流的地方，这需要通过建筑与空间的设计来解决。

　　我们将住户之间共享信息、交流的这一多功能空间命名为"社区客厅"。在社区客厅，人们可以组织活动，还可以一起吃饭。

　　我们认为，设计一个供平时使用的共用空间，可以使住户之间的关系更密切。

Column 27

大堂里的多功能空间

在这里，我们再详细地介绍一下第 90 页 Column 25 "把垃圾房变为大家聚集的地方"当中提到的公寓楼大堂里的多功能空间。

在 Column 25 当中，我们提出在设置了邮箱的地方同时设置打包或拆包裹的空间。在这里拆包裹，就可以直接将纸箱或其他包装材料留下并回收再利用，免去在家里拆箱后再拿到垃圾房的不便。

还有，如果寄送东西的时候可以在这里包装，并且管理台还可以提供收发快递等服务的话，居民生活将更加方便。

请看右页的方案，我们还可以将多功能空间再扩大一点，设计出让人们坐下确认邮件或跟邻居交流的地方。如果在这里设计出收邮件或包裹的生活动线的话，就会有人流，人们自然就会产生跟别人交流的机会，并创造出交流空间。

我们将此空间取名为 "KATTE"，即 "katte-guchi"（正门以外、出入厨房等地的后门）的新用法（The Parkhouse 系列的部分公寓采用了此方案）。

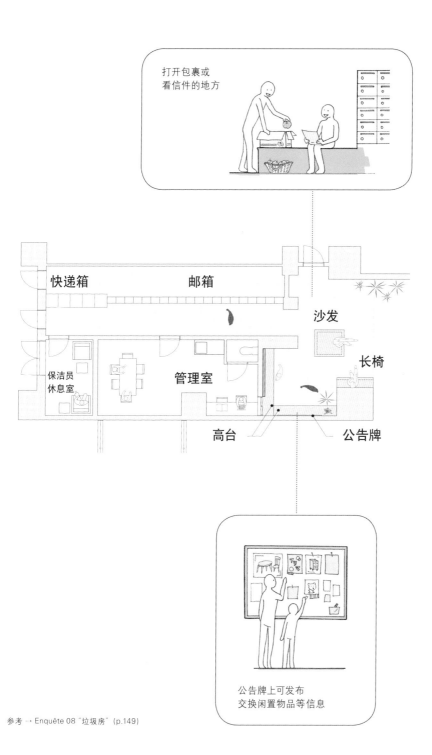

打开包裹或
看信件的地方

快递箱　　　　　邮箱

沙发

长椅

保洁员
休息室

管理室

高台

公告牌

公告牌上可发布
交换闲置物品等信息

吃饭

睡觉

洗浴

放松

家务

收纳

工作

内与外·
土间

两代同居

高度差

走廊

南玄关

老年生活

紧凑生活

和室

可变性

参考 → Enquête 08 "垃圾房" (p.149)

Column 28

开放式办公空间

通过之前的问卷和专栏，我们与读者一起思考了"工作方式"。当我们在考虑现代生活的时候，工作方式是很重要的因素。在这里，我们来思考一下公司里的办公空间。

最近有了一种新的办公方式，不同于以前每个人有自己的办公桌并在专属办公桌上工作的方式，每个员工有自己的柜子，用来收纳办公用品，然后可以在办公室里选择自己喜欢的办公桌或办公场所工作，这叫作"free address"。还有公司在办公室里设计跟其他部门的人交流的空间，这种新的办公形式逐渐出现了。有些从事企划等工作的人在工作结束之后，会在咖啡厅之类的地方跟合作方开会，离开固定的办公桌在别的地方工作，并因此达成更好的工作成果。

公司里有的工作是每天按固定的流程做固定的业务，这样的业务是否可以自动化? 是否可以再合理化? 同样，长时间的会议是否也可以更高效一点?

人们总说日本很难革新，日本的大公司里有越来越多的人对自己的工作感到疑惑，这有可能都是源于这种在固定办公桌上工作的形式。

另一方面，企业有其长期积累下来的资产，其中一个就是办公室的地段与空间。例如，大公司一般在大城市中最好的地段拥有便于工作的办公室。那么，如果我们重新考虑此位置与空间的利用方式，是否可以腾出多余的空间? 腾出来的空间是否可以更有效地利用起来?

参考 → Enquête 06 "工作方式和加班" (p.142)

参考 → Enquête 06 "工作方式和加班" (p.142)

新的工作方式最重要的因素，就是增加和外部人员——如创意工作者或策划人员——接触的机会。这种和外部人员一起工作的环境，会有利于产生新的想法。像这些创意工作者、策划人员，不少会在自己的家里设办公室，或者在联合办公室工作。那么，如果我们将办公室的一部分改造成和外部人员共用的空间，在这里一起工作，会怎么样呢？

最近有一种被称为"co-working"的工作方式，不只开会的时候跟外部人员沟通，还会给外部人员提供共用办公室。通过"co-working"，我们可以增加员工跟外部人员接触的机会。按照工作项目的需要，我们可以建立外部人员和内部人员兼有的团队，这也是有效的办法。如果我们重新考虑工作地点，可能会孕育出新的想法。

除了执行业务，我们偶尔还可以找各种各样的人公开讨论企业中存在的问题。还有，如果将办公室的一部分设计成咖啡厅，空闲时间人们就可以在这里休息、交流。与新人物结识可以创造产生新想法的机会。现在网络日益地日常化，在一瞬间便可以交换信息，正因如此，我们才需要更重视人与人面对面交流的时间与空间。

今后的日本需要的或许是增加更有创造性的工作时间。为此，我们需要积极地打造这样的空间，如此一来，不管是工作方式还是生活方式，都有可能发生巨大的变化。

吃饭

睡觉

洗浴

放松

家务

收纳

工作

内与外·土间

两代同居

高度差

走廊

南玄关

老年生活

紧凑生活

和室

可变性

Column 29

郊外的仓库与
城市中的紧凑生活

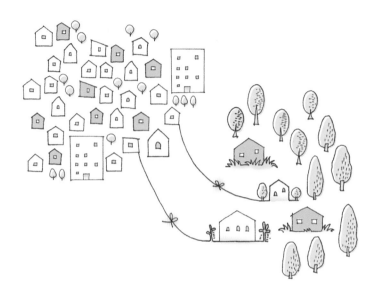

这几年，在城市中经常看到"trunk room"，也就是租赁式的小型仓库。在这里我们说说关于这种仓库的话题。

某人在城市中生活，他的母亲准备入住老年生活中心，需要整理家里的东西。房子里收纳的东西很多，虽然大部分是已经没用的，可对母亲来说却都是充满回忆的重要物品，下不了都扔掉的决心，于是他们决定租用仓库来保管。

他当时想租用的小型仓库有 2 坪（日本面积单位，相当于 6.66 平方米），月租金为 5 万日元（约 3000 元人民币），也不是很贵。但是他最终决定不租了。因为他觉得，如果将母亲的东西放在小型仓库里保管的话，以后可能再也不会拿出来看了。实际上，租用仓库的大部分人在收纳东西之后，都不会再拿出来的。

这时候，他看到千叶县房总半岛的房源出租的信息。这栋房子在离东京大约 1 个小时车程的地方，从窗户可以看

吃饭

睡觉

洗浴 ·

放松

家务

收纳

工作

内与外 ·
土间

两代同居

高度差

走廊

南玄关

老年生活

紧凑生活

和室

可变性

到大海，月租金为 8 万日元（约 5000 元人民币），在这里可以将母亲的物品维持在可使用状态，他自己也可以在周末休息的时候过来，一石二鸟，很方便。

最终，他租下了这个房子，作为"母亲的纪念馆"，不管母亲什么时候回来，都可以住在这里。

现在，日本郊外这样的空房逐渐增多了。地方人口逐渐减少，城市人口反而越来越多，这个趋势应该不会改变。如果我们还是想住在城市的话，有可

能每个人的住房面积都会变小。

那么，我们干脆这样生活行不行呢? 在城市里住小房子，在郊外住大房子。像上述的仓库一样，郊外的房子的用途是住宅兼仓库。"断舍离"的生活方式也是需要的，但另一方面，人还是离不开物品的，这是每个人都会有的想法。如果是这样的话，把郊外的空房作为仓库使用，或许是个好办法。

Column 30

成熟的日本社会
与家的形式

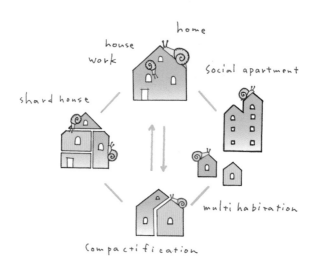

2050 年，日本全国人口预计将减少 8000 万人，等于是减少到现在的 66%。而且其中 65 岁以上人口占比超过 40%。除此之外，独居人口也会增加，每户家庭的平均人数据说会减少到 1.1 人。这是根据现在的人口出生率进行的预测，如果社会意识或制度没有重大变化，这个数字大概会成为现实。

人口的减少，尤其是劳动人口的减少，会成为很严重的问题，但是随着技术的进步，一部分人工劳动会被机器所替代，而且，随着医疗技术的进步，人的可劳动时间会增加，所以问题可能会得到解决。

近年来，一些郊外城镇空房率达到了 16%，今后还会逐渐增加，但另一方面，这也有一定的好处，人们会更易于获得住房。

这样的社会变化会使人们的意识发生很大改变。被喻为走"下坡路"的成熟社会，已经产生了跟以前的发展中社会不一样的价值观。最近，"小房子比大房子好""少拥有东西比多拥有好""不考虑怎么拥有，而更多考虑怎么使用，这样会减少浪费""在小企业工作比大企业强""在郊外工作比在大

吃饭

睡觉

洗浴

放松

家务

收纳

工作

内与外·土间

两代同居

高度差

走廊

南玄关

老年生活

紧凑生活

和室

可变性

城市工作更好"，这类跟经济发展时代不一样的意识观念越来越强势了。

可以说，成熟社会的时代意味着"不再追求拥有物品，而是追求生活品质"。那么，今后的住房形式和生活方式会有什么样的变化呢?

除了上述的住小房子的趋势以外，因为空房、空地在增加，也有人会选择在郊外住大房子。另外，除了用于居住，还有人会利用空房开店，把空房作为发展兴趣爱好的地方，或者在这里建立工作坊。会有更多的人能利用空房实现自己想做的事情。而且，如果能更方便地

拥有住房，住在两三栋房子里的人也会更多。

另一个方面，单身家庭也会越来越多，单身的人有可能会更多地和其他人共用某些东西。除了共用平时不太使用的东西，还有可能与别人共用房子，比如共用厨房和客厅。这样的居住形式也有可能会增加，而且好像也很有趣。

日本处在走"下坡路"的时代，但正是在这样的时代，我们才需要面对现实，追求让生活更舒适、更丰富的居住形式。

"添加新的价值"
三菱地所 residence 的自有品牌

EYE'S PLUS

EYE'S PLUS 的十二款产品

❶ 厨房 2013

阶梯式的厨房操作台。明确划分收纳位置，确保收纳空间，扩大操作台面。

❷ 色彩方案 2013

扩充颜色的种类，增加柔和的颜色对比，以及带有质感的颜色。

❸ 浴室 2013

采用了保温浴缸、微雾桑拿、带有两个挂钩的滑动条、纵长型镜子、浴巾架等。

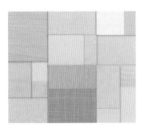

❼ 色彩方案 2014

中间色调的对比，只有白色系列的组合，强调质感。

❽ 清扫用具收纳柜 2014

确保吸尘器的收纳空间，放置防滑条、回转挂钩，增加可收纳其他清扫用具的灵活性。

❾ 浴室用品收纳柜 2015

收纳浴巾的空间、放替换衣物或其他小东西的开放空间。

EYE'S PLUS 是在"客户的视线"（EYE'S）的基础上，辅以专家的视线来"添加新的价值"（PLUS），这就是三菱地所 residence 的品牌理念。我们利用"sumai LAB"网站，通过问卷、专栏的方式，在发布自己的想法和信息的同时，听取客户的建议，与大家一起打造厨房、浴室和卫生间等用水设备，并一同进行色彩方案等住宅设计。

EYE'S PLUS 在生产的产品，是基于网站上的问卷或客户的建议，先打样，然后通过与客户不断地沟通，慢慢修改，精雕细琢。从 2012 年开设"sumai LAB"，到 2015 年，我们一共制造了十二款产品，以后我们也会不断改良，制造更好的产品。更详细的内容请浏览 EYE'S PLUS 网站。（http://www.mecsumai.com/brand/quality/eyesplus/）

从下一页开始，我们会分四个专栏给大家介绍"sumai LAB"的 EYE'S PLUS 案例。

❹ 洗面台 2013

采用了靠近单侧墙壁的洗面池、抽拉式水龙头、带有 S 型挂钩的毛巾架等。

❺ 玄关收纳 2014

增加鞋柜的容量，提高空间的灵活性，设置了开放空间。

❻ 被子收纳柜 2014

西式房间设计方案中所采用的被子收纳柜。除了被子以外还可以收纳别的东西，空间灵活多用。

❿ 洗面台 2015

靠近单侧墙壁的洗面池、与洗面池对齐的镜面接缝位、缩进 10 厘米的踢脚线、放置浴室称的空间。

⓫ 浴室 2015

浴室门外侧安装了两个浴巾架，功能性更强。

⓬ 色彩方案 2015

减少对比，增加淡色系列，强调手工质感。

思考洗漱间

在这个专栏中我们自由地、有创意地思考了洗漱间的位置。
然后我们进行了问卷调查，改造了标准户型。

Plan A

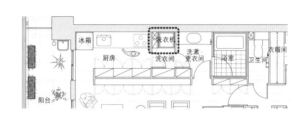

　　说到洗漱间，当然有洗面台，一般还有更衣间、洗衣间的功能。但是，洗漱间、更衣间、洗衣间本来是分开的，现在这几个功能集中在一个房间里了。

　　大家把洗衣机放在哪里呢？有的户型把洗衣机放在洗漱·更衣间里，有的衣服在放进洗衣机之前需要先清洗领口、袖子的部分，那么，洗衣机放在洗面台附近是比较方便的。可是很多人想让洗面台周边平时保持干净，因为洗面台是每天梳妆打扮的地方，偶尔客人也会用到，在它旁边放洗衣机给人感觉不太好。现在的洗衣机变大了，平时不使用的时候感觉很占地方，而且洗衣机周边洗衣粉或衣架等小东西较多，看上去比较乱，所以放在人们看不见的地方是不是比较好呢？

　　在这里，我们做了用墙分隔洗漱间和洗衣间的四种方案。

　　Plan A 在厨房和洗漱·更衣间中间用墙分隔出了洗衣间，并且从两边都可以出入，便于在厨房做饭的间隙洗衣服。

　　Plan B 在洗漱·更衣间和浴室中间设计了放置洗衣机的空间。平时不使用的时候还可以关上门，将洗衣机藏起

Plan B

Plan C

Plan D

来。这个方案把洗漱·更衣间和洗衣机、浴室分开，作为完全独立的空间使用。

Plan C 将洗衣机放在走廊边，也跟厨房、浴室完全分开了。

Plan D 出于和 Plan C 同样的想法，利用了卫生间前走廊的空间。

在考虑放置洗衣机的位置的同时，也需要考虑洗衣粉、衣架等洗衣用品的收纳位置。

如果将洗衣机从洗漱间分离出去，洗衣用品也会从洗面台上拿走，洗面台便可以整理得干净一点。洗面台的镜子后面，还有洗面台下面的收纳空间虽然

都很方便，但实际上，收纳空间越多，多余的东西也会越多。因此洗面台周边应尽量保持简洁，收纳洗发水、肥皂、浴室用品、浴巾等东西的空间可以另外考虑。方便收取，一看就知道里面放的是什么，这样的收纳空间才是方便使用的。

洗面台周边尽量少放东西，像酒店的洗面台一样保持干净，这样我们收拾打扮或洗澡的时候，才能感到舒适。

关于洗漱间和放置洗衣机的位置，大家是怎么想的呢？

思考洗漱间的洗衣动线

在此我们特意考虑了洗衣篮的位置。
然后我们进行了问卷调查，讨论了调查结果和回答内容，
实际打样之后，进行了用户研讨会。

我们从洗漱间的调查结果发现，关于洗衣机周边空间的使用情况，每个人都有自己的习惯，需要的功能也各种各样。

例如，洗衣粉或衣架收在哪里，如何晾衣服，怎么放置洗衣篮等，我们不能将这些问题简单地归结为"洗衣机周边"，而是要考虑洗衣动线，这样才能想出具体的解决方案。

首先，我们来想一想洗衣篮放在哪里比较好。使用洗衣篮的人占53%，因为洗漱间面积有限，有人或许会把洗衣篮放在洗衣机上面。现在我们重新考虑一下固定洗衣篮的位置。

我们想到三个位置：1、放在洗衣机上面的架子上（图A-1）；2、放在洗面台的下面（图A-2）；3、放在浴室用品收纳柜里面（图A-3）。

如图A-1，如果在洗衣机上面装架子的话，要保证洗衣机盖子可以打开，这样的话，架子的位置就太高了。所以，可以考虑安装可移动的架子或者可折叠的架子，这样才能保证洗衣篮在容易放衣服的高度，且洗衣机打开后盖子不会碰到架子，方便使用。

下一步，我们来想一想放置洗衣粉的位置。我们想到的是：1、放在洗衣机上面的架子上（图B-1、图B-2、图B-3）；2、放在浴室用品收纳柜里面（图

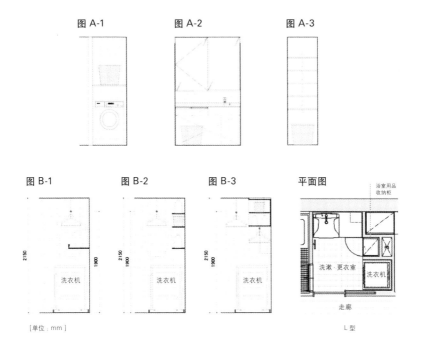

图 A-1　　　图 A-2　　　图 A-3

图 B-1　　　图 B-2　　　图 B-3　　　平面图

浴室用品
收纳柜

2150　1900　2150　1900　2150　1900

洗衣机　洗衣机　洗衣机

洗漱·更衣室　洗衣机

走廊

[单位：mm]　　　　　　　　　　　　　　　　　L 型

A-2）；3、放在洗面台下面的抽屉里。为了使用方便，洗衣粉应该放在洗衣机附近方便拿取的地方。

最后，我们来想一想在哪里晾衣服。

有的人会在洗完衣服后，在洗衣机旁边先用衣架挂好，打理平整了再拿到阳台晾晒。还有的人不在外面晾内衣之类的衣服，而是在洗漱间晾或使用浴室烘干机。在洗漱间晾的话，要考虑将衣架挂在哪里，以及平时不使用时将衣架收在哪里。

为了洗衣服时方便，我们要考虑洗面台、浴室用品收纳柜、洗衣机之间的位置关系。请看我们设计的户型（平面图）。

这个户型当中，我们在洗衣机和洗面台之间放了收纳柜，站在洗衣机和化妆台的位置都很方便使用。并且，洗面池靠左放，右边保留了清洗领口、袖子的操作空间。还有，收纳柜下面留出了如图 A-3 的放置洗衣篮的空间，洗衣机上方还装了像图 B-2 这样深度较浅的架子，可以放洗衣粉等小东西。

洗面台、浴室用品收纳柜、洗衣机，这三个空间的位置，应该根据你的洗衣习惯或户型进行调整，这个户型只是一个参考方案而已。

虽然洗漱间存在很多问题，但如果我们能够根据个人习惯加以解决的话，生活会更加舒适。

EYE'S PLUS Column 03
综合考虑家里的收纳空间

这个专栏基于问卷调查的结果考虑了收纳的问题，并提出收纳方案。
基于问卷调查的结果，我们还考虑了玄关收纳空间的改良方案。

Q1. 您对现在使用的收纳空间，有没有不满的地方？
如果有，是针对哪种收纳空间？

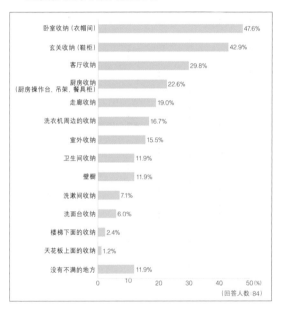

感到有困难的收纳，前三名是"卧室收纳""玄关收纳"和"客厅收纳"，我们能想到衣服或鞋子过多，或者客厅容易乱等情况。但解决此问题的方法不仅是扩大收纳空间，还要根据每个人的收纳需求考虑收纳空间的结构等。

通过关于收纳的问卷调查，我们得到启发：单独考虑每个地方的收纳是否太局限？因为收纳量和对收纳的想法每个人都不一样，所以我们认为，单独考虑每个地方的收纳效果是很有限的，应该综合考虑家里的收纳空间。

比如，某人家里的玄关收纳空间很小，那么可以将物品收纳在别的地方，先分开平时使用的东西和不用的东西，或者根据季节的使用需求分开。再比如，厨房邻近的地方有收纳空间，那么平时不用的东西就可以放在里面，这样分开处理，是可以缩小收纳空间的。

此外，收纳空间的形状也需要考虑。

Q2. 对于现在的收纳空间有什么不满？

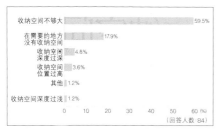

收纳空间不够大 — 59.5%
在需要的地方没有收纳空间 — 17.9%
收纳空间深度过深 — 4.8%
收纳空间位置过高 — 3.6%
其他 — 1.2%
收纳空间深度过浅 — 1.2%

0　10　20　30　40　50　60 (%)
（回答人数·84）

回答"收纳空间不够大""在需要的地方没有收纳空间""收纳空间深度过深"的人较多。不知道该放在哪里的东西当中有大大的、太长的、户外使用的，这类东西在家里没有合适的地方收纳，这是个问题。

Q3. 应急物品放在哪里？

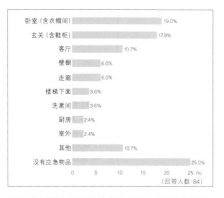

卧室（含衣帽间）— 19.0%
玄关（含鞋柜）— 17.9%
客厅 — 10.7%
壁橱 — 6.0%
走廊 — 6.0%
楼梯下面 — 3.6%
洗漱间 — 3.6%
厨房 — 2.4%
室外 — 2.4%
其他 — 10.7%
没有应急物品 — 25.0%

0　5　10　15　20　25 (%)
（回答人数·84）

关于 Q2 的"在需要的地方没有收纳空间"的问题，应急物品是其中一个。放在"卧室""玄关""客厅"的人较多，但也不能说是最合适的地方。

Q4. 您想在玄关放什么东西？

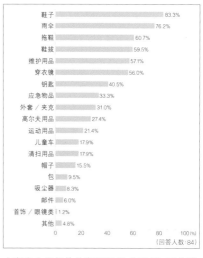

鞋子 — 83.3%
雨伞 — 76.2%
拖鞋 — 60.7%
鞋拔 — 59.5%
维护用品 — 57.1%
穿衣镜 — 56.0%
钥匙 — 40.5%
应急物品 — 33.3%
外套／夹克 — 31.0%
高尔夫用品 — 27.4%
运动用品 — 21.4%
儿童车 — 17.9%
清扫用品 — 17.9%
帽子 — 15.5%
包 — 9.5%
吸尘器 — 8.3%
邮件 — 6.0%
首饰／眼镜类 — 1.2%
其他 — 4.8%

0　20　40　60　80　100 (%)
（回答人数·84）

大家在玄关想放的东西很多，有鞋子、雨伞等，各种各样。有的东西放在别的地方也可以，但玄关部分好像还是需要较大的收纳空间。

收纳空间的深度可以根据东西调整。如果把东西收纳在最深的地方，一直不拿出来用，那就没有意义了。收纳空间一般要考虑让收纳的物品从外边看不见，但另一方面，也要考虑便于将物品拿出来，看得出里面放了什么。尤其是走廊、客厅的共用收纳空间，要让人一打开就知道里面放了什么，而且要方便拿出来使用。

要考虑整个房子的空间配比，同时也要考虑收纳空间的深度，才能设计出好找也好拿的收纳空间。

浴巾的行踪

在这里，我们从问卷调查的结果得到两点启发，对此我们进一步听取了
用户的建议，并基于此结果开发了新的产品。

Q1. 浴巾用几次之后清洗？

■ 一条使用 1 次后 　　　　　　　　　■ 一条使用 1～2 次后

■ 一条使用 2～3 次后 　　　　　　　　■ 一条使用 3 次以上

■ 一条使用 3 次以上，用完就洗 　　　　家人共用一条浴巾，使用 1～2 次后

■ 家人共用一条浴巾，使用 2～3 次后 　■ 家人共用一条浴巾，使用 3 次以上后

■ 没有特定的习惯 　　　　　　　　　　■ 其他

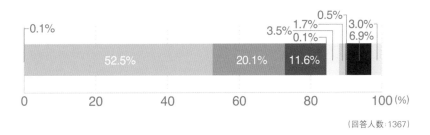

0.1%　　　　　　　　　　　　　　　　　　　　0.5%
　　　　　　　　　　　　　　3.5%　1.7%　　　3.0%
　　　　　　　　　　　　　　　　0.1%　　　　6.9%

| 52.5% | 20.1% | 11.6% | |

0　　20　　40　　60　　80　　100 (%)

(回答人数：1367)

　　大家用完浴巾之后，把它放在哪里？

　　问卷调查（Q1）的结果显示，一条浴巾在用了 1～2 次后清洗的人最多，占约 50%。但是，大多数人会把使用后的浴巾"先晾一下再洗"，之所以先晾一下，是因为大家"担心有味道""担心发霉"。

　　那么，用完的浴巾怎么晾呢？有的家庭人多，洗漱间的浴巾架不够用，就把浴巾挂在餐厅的椅子上、客厅的某一个角落，或者自己的卧室里。

Q2. 洗澡后使用过的浴巾，如果晾在洗漱间的话，您喜欢用挂钩还是浴巾架？

挂钩　　浴巾架　　都不是　　不知道

1.3%
5.6%

7.8%　　　　　　　　　　85.2%

0　　　20　　　40　　　60　　　80　　　100 (%)

（回答人数：1542）

挂钩　　　　　　　　　浴巾架

　　一般家里的洗漱间只有一个浴巾架，安装在浴室门上。但只有这一条浴巾架的话，就只能晾一条浴巾，或者将浴巾叠起来挂两条。因为大家有晾浴巾的需求，我们可以考虑装两个浴巾架或者装挂钩等。

　　问卷调查（Q2）的结果显示，比起挂钩，大家都更喜欢用浴巾架，可能是为了把浴巾展开晾。

　　不管怎么样，大家应该都更希望在洗漱间晾浴巾，而不是餐厅、客厅和卧室。

关于生活的问卷调查

2章

在本章中，我们从"sumai LAB"之前超过二十次的问卷调查中严格选取了关于户型、生活方式的内容并介绍给大家。这里介绍的主题，有关于家务动线、社区交流的，还有关于户型的可变性、放松空间、两代同居、劳动环境、少子化、老龄化等。在思考日本未来的居住和生活方式时，这些调查应该会有很大帮助。

关于"sumai LAB"的问卷调查

在"sumai LAB",我们为了和大家一起思考未来的住房和生活方式,每几个月会根据一个主题进行网络问卷调查。我们会在问卷调查中听取大家对于厨房、阳台、收纳等户型方面的建议,还会针对工作方式、育儿、家人的团聚方式、老年生活等了解大家的想法。

"sumai LAB"网站问卷调查页面:http://www.sumai-lab.net/research/

　　＊在本章展示的图表中,会有"无回答""无效回答"等被省略的数字,还有的地方用了四舍五入的计算方式,因此总数没有达到100%,请知悉。本章中介绍的调查问卷内容摘自"sumai LAB"网站,详细内容请浏览网站。

吃饭

睡觉

洗浴

放松

家务

收纳

工作

内与外·
土间

两代同居

高度差

走廊

南玄关

老年生活

紧凑生活

和室

可变性

Enquête 01

让人身心放松的空间

在我们之前进行的问卷调查当中，约 60% 的人回答"购买房子的时候，优先考虑有放松空间的户型"。为了重新考虑"放松"到底是什么，我们提出家里什么地方最令人感到放松，以及如何才能让人放松等问题，询问了大家的建议。

人感到最放松的时间跟家人的工作方式有很大的关系。对于有工作的女性来说，有可能是家人都睡了之后的时间；对于全职主妇来说，则有可能是家人还没有回家的白天；对于在外面工作的男性来说，回家之后的时间最能感到放松。对于"放松"的理解，感到放松的空间，以及让自己放松的办法，也许每个人都不一样。

(主题："让人身心放松的空间"，问卷调查实行时间：2015 年 4 月 30 日～2015 年 5 月 20 日，回答人数：652，URL: http://www.sumai-lab.net/2015/06/5771/)

关于"放松"

对您来说，"放松"的状态是什么样的?

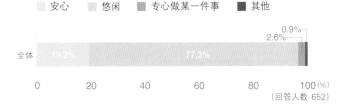

96.5% 的人认为"放松"的状态是"安心""悠闲"的状态。另一方面，一部分人认为"放松"是"专心做某一件事"或"做喜欢的事"的状态，虽然很少，但有 2.6% 的人这么认为。

吃饭

睡觉

洗浴

放松

家务

收纳

工作

内与外·
土间

两代同居

高度差

走廊

南玄关

老年生活

紧凑生活

和室

可变性

放松的地方

在家里感到放松的地方是哪里？（多选）

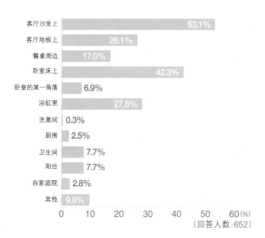

除了客厅以外，有 42.3% 的人回答"卧室床上"，27.8% 的人回答"浴缸里"，可以发现，大家都有除了客厅以外的放松空间。

您对"不认为客厅是放松空间"的想法有没有同感？

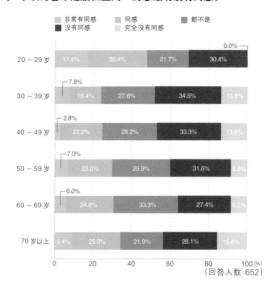

人们在 30 岁以后逐渐开始拥有自己的房子，随着年龄的增长，有可能不再认为只有客厅才是放松的空间。他们或许会在家里慢慢创造出属于自己的放松空间。

放松的时间

您什么时间可以放松下来?

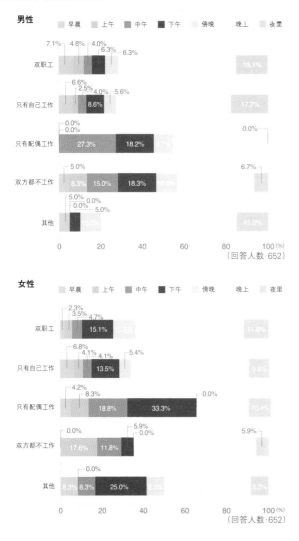

男性

图例: 早晨　上午　中午　下午　傍晚　晚上　夜里

双职工
7.1% 4.8% 4.0% 6.3% 6.3% 15.1%

只有自己工作
6.6% 2.5% 4.0% 8.6% 5.6% 17.7%

只有配偶工作
0.0% 0.0% 27.3% 18.2% 0.0%

双方都不工作
5.0% 8.3% 15.0% 18.3% 6.7%

其他
5.0% 0.0% 5.0% 10.0% 15.0%

横轴: 0　20　40　60　80　100(%)
(回答人数:652)

女性

图例: 早晨　上午　中午　下午　傍晚　晚上　夜里

双职工
2.3% 3.5% 4.7% 15.1% 11.6%

只有自己工作
6.8% 4.1% 4.1% 13.5% 5.4% 9.8%

只有配偶工作
4.2% 8.3% 18.8% 33.3% 0.0% 10.4%

双方都不工作
0.0% 17.6% 11.8% 5.9% 0.0% 5.9%

其他
8.3% 8.3% 25.0% 0.0%

横轴: 0　20　40　60　80　100(%)
(回答人数:652)

大约一半的全职太太认为"中午""下午"是放松的时间。看来她们认为一个人时才是放松的。双职工家庭是更喜欢夫妻共度的时光,还是一个人的时光,还有进一步讨论的空间。

吃饭

睡觉

洗浴

放松

家务

收纳

工作

内与外·土间

两代同居

高度差

走廊

南玄关

老年生活

紧凑生活

和室

可变性

吃饭

睡觉

洗浴

放松

家务

收纳

工作

内与外·
土间

两代同居

高度差

走廊

南玄关

老年生活

紧凑生活

和室

可变性

放松的事情

您做什么事情的时候感到放松？（多选）

- 玩手机或平板电脑的时候
- 看电视的时候
- 听音乐的时候
- 家务等告一段落的时候
- 做关于兴趣爱好的活动的时候
- 跟家里人聊天的时候
- 看书的时候
- 喝茶（酒）的时候
- 什么也不做的时候
- 做家务的时候
- 睡觉（正要睡觉）的时候
- 其他

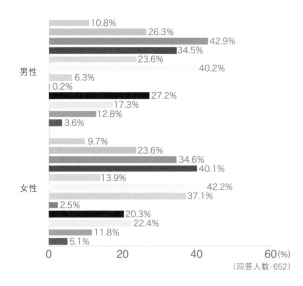

（回答人数：652）

不分男女，选得最多的都是"什么也不做的时候"，这个比例超过了40%。男女分别看的话，男性选"看电视的时候"的人最多，约有43%，女性选"什么也不做的时候"的人最多，约有42%。另外，女性约40%的人选了"喝茶（酒）的时候"，这是女性的特点。

关于在家如何放松

在问卷调查中，我们针对"在家如何放松"进行了提问，大家回答如下：

- "放松"不是悠闲的状态，而是让自己的心情"自由"的状态。
- 平时就注意家里不乱放东西，保持干净。
- 让室内散发芳香。
- 我家里有一个随时可以迎接客人的、整洁的房间。
- 用耳塞阻挡外面的声音。
- 在厨房放浴室用的小凳子，坐在这里避开家里人的视线。
- 冲咖啡，度过悠闲的时光。
- 家里保持干净，打造舒适的空间。
- 坐在沙发上看电视。
- 有时间做自己喜欢的事，也有与家人一起度过的时间。
- 尽量不放多余的东西，放些绿植，听古典音乐，放置香氛。
- 关闭电视，和家人聊天，或在自己的桌子上度过一个人的时间。
- 有可以随时躺在地上休息的空间（附近有枕头或靠垫）。
- 尽量保留一个人的空间。
- 穿宽松的衣服，保持舒服的姿势，待在安静的空间里。
- 一边听音乐一边看书。
- 什么都不做。
- 家人在附近，每个人做不同的事情，但随时可以聊天。
- 有绿植，有自己喜欢的小东西，香薰机散发着芳香。
- 随时可以做喜欢的事情。
- 宽敞的空间。可以进行兴趣爱好活动的空间。
- 只要有舒服的沙发和电视就可以放松。
- 不在家里加班。
- 度过孩子们睡觉后的安静时间。
- 有自然采光、风的流动，以及铺着舒适地毯的大小适当的空间。
- 用自己喜欢的照明灯具，间接照明。
- 自己需要的东西都放在触手可及的地方。

吃饭

睡觉

洗浴

放松

家务

收纳

工作

内与外·土间

两代同居

高度差

走廊

南玄关

老年生活

紧凑生活

和室

可变性

吃饭

睡觉

洗浴

放松

家务

收纳

工作

内与外·
土间

两代同居

高度差

走廊

南玄关

老年生活

紧凑生活

和室

可变性

Enquête 02

户型的可变性

　　现在我们购买房子的时候，一般都只能从固定的户型中选择比较喜欢的一种。但是，随着时代的变化，人们对住房的需求也会变化。于是，我们假设"如果有可以改变户型的公寓的话""如果我们购买房子的时候可以随意选择户型的话"，并听取了大家的想法。

　　通过调查我们发现，很多人会在家庭人数、结构有变化时考虑改装。对于个人房间或儿童房，根据有没有小孩、年龄、房子的所有方式等情况，每个人的想法都不一样。购买房子的时候，不少人或许已经考虑到未来的改造计划。

(主题："公寓楼户型的可变性"，问卷调查实行时间：2015 年 2 月 25 日～ 2015 年 3 月 16 日，回答人数：708，
URL: http://www.sumai-lab.net/2015/04/5651/)

购买房子时重视的因素

您在购买房子的时候，根据什么样的因素来考虑户型？

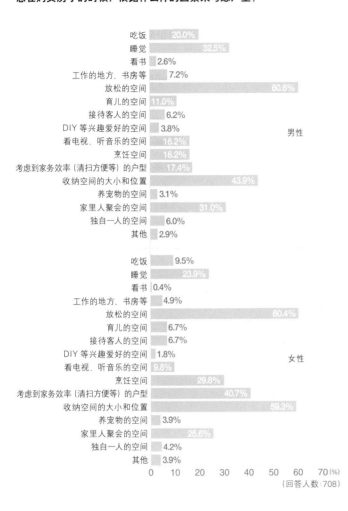

不分男女，优先考虑"放松的空间""收纳空间的大小和位置"的人最多。男性比较优先考虑"睡觉""家里人聚会的空间"等方面，女性比较优先考虑"烹饪空间""家务效率"。还有，在自由回答的答案中，很多人回答优先考虑卫生间等用水空间。

吃饭

睡觉

洗浴

放松

家务

收纳

工作

内与外·土间

两代同居

高度差

走廊

南玄关

老年生活

紧凑生活

和室

可变性

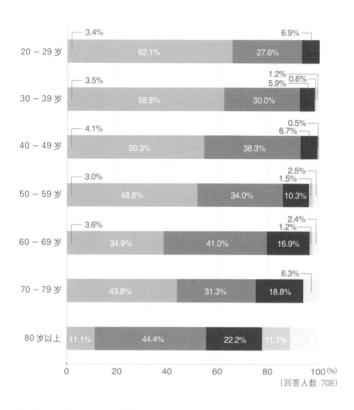

吃饭

睡觉

洗浴

放松

家务

收纳

工作

内与外·
土间

两代同居

高度差

走廊

南玄关

老年生活

紧凑生活

和室

可变性

室内改装

一套房子，你想改装几次?

■0次　■1次　■2次　■3次　□4次　□5次以上

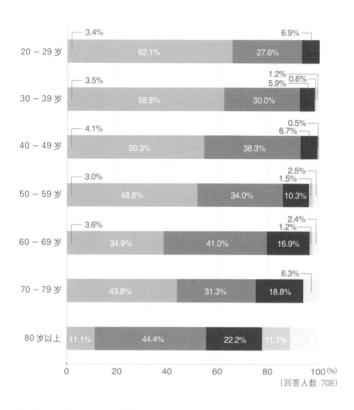

（回答人数：708）

对于"一套房子想改装几次"的提问，回答"1次"的人占全体的一半，回答"2次"的人占35%。随着年龄的增加，人们想改装房子的次数也会增加。

儿童房

您在生孩子之前会准备儿童房吗?(准备过儿童房吗?)

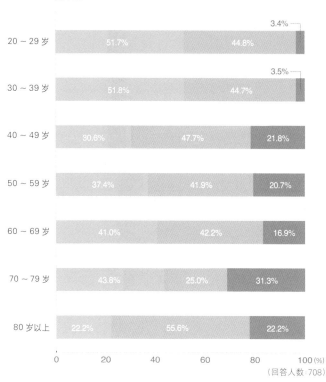

年龄			
20 ~ 29 岁	51.7%	44.8%	3.4%
30 ~ 39 岁	51.8%	44.7%	3.5%
40 ~ 49 岁	30.6%	47.7%	21.8%
50 ~ 59 岁	37.4%	41.9%	20.7%
60 ~ 69 岁	41.0%	42.2%	16.9%
70 ~ 79 岁	43.8%	25.0%	31.3%
80 岁以上	22.2%	55.6%	22.2%

0 20 40 60 80 100 (%)

(回答人数·708)

在生孩子之前准备儿童房的人数,和生后再考虑儿童房的人数基本一样。回答"生孩子之前会提前准备儿童房"的人认为,"生后再搬家麻烦""改装需要另外一笔费用""提前准备好就可以放心了"。而另一方面,回答"生孩子之后会考虑儿童房"的人认为,"想要随着孩子的成长或根据性别准备儿童房""生后再根据情况考虑搬家的事"。

吃饭

睡觉

洗浴

放松

家务

收纳

工作

内与外·
土间

两代同居

高度差

走廊

南玄关

老年生活

紧凑生活

和室

可变性

吃饭

睡觉

洗浴

放松

家务

收纳

工作

内与外·
土间

两代同居

高度差

走廊

南玄关

老年生活

紧凑生活

和室

可变性

孩子们独立生活后的户型

孩子们独立生活后（或将来独立生活后），回到夫妻两个人（或一个人）的状态，您想在原来的户型中生活吗？

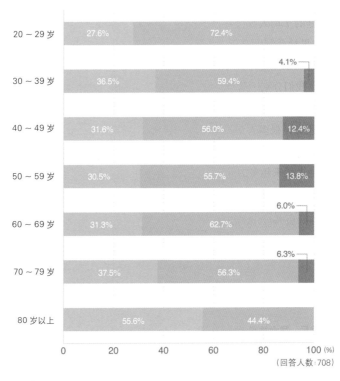

（回答人数：708）

孩子们独立之后，还想在原来的户型中生活的人占32.7%，反之，想改变的人占57.9%。按年龄来看，年轻人想改变户型的居多。另外，还想在原来的户型中生活的人认为，"想保留孩子们回来时的空间""想生活在已习惯的地方"。而想改变户型的人认为，"想考虑更舒适的生活""想把房间扩大一点""想把空房用于兴趣爱好""考虑到将来需要人看护，需要大一点的房间"。

吃饭

睡觉

洗浴

放松

家务

收纳

工作

内与外、土间

两代同居

高度差

走廊

南玄关

老年生活

紧凑生活

和室

可变性

Enquête 03

少子化、老龄化和育儿

　　据预测，2050 年，日本全国人口会比现在减少 35%，65 岁以上的老年人口则会增加到 46.5%（内阁府 2015 年版高龄社会白皮书）。另外，单身家庭也会增加，每一户家庭的平均人数会减到 1.1 人（厚生劳动省 2014 年国民生活基础调查）。但是，如果社会制度有所改变，企业能够给予支持，民间服务得到普及和推广，人们的意识发生变革，那么这样的预测也可能会改变。关于少子化、老龄化与育儿问题，我们分别了解了正在育儿的人和并未育儿的人的想法。

　　从结果我们发现，大多数人认为，只靠女性和老年人的劳动力解决不了少子化带来的问题。还有，很多人认为应当增加在社会中养育或教育孩子的机会。75% 的人回答，哪怕自己减薪，也想减少工作时间，将更多的时间用于育儿，这一结果说明，社会上越来越多的人想积极地参与育儿。

（主题："少子化、老龄化和育儿"，问卷调查实行时间：2014 年 11 月 26 日～ 2014 年 12 月 8 日，回答人数：503 ，URL: http://www.sumai-lab.net/2015/01/5340/）

少子化的对策

您认为少子化现象加重后，靠女性和老年人的劳动力，经济还能发展吗？

（回答人数：503）

认为"能"的人占 34.4%，认为"不能"的人占 41.7%。对于少子化带来的问题，多数人认为，只靠女性和老年人的劳动力是解决不了的。

吃饭

睡觉

洗浴

放松

家务

收纳

工作

内与外·
土间

两代同居

高度差

走廊

南玄关

老年生活

紧凑生活

和室

可变性

如果有支持未婚生子的养育制度，您认为好吗？

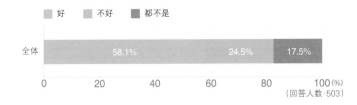

高达 58.1% 的人回答"好"，这或许显示，养育的方式变得多样化了。

孩子们的教育问题

为了给予孩子们更多的可能性，您认为高学历是需要的吗？

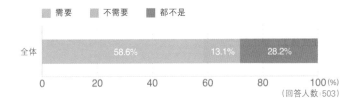

对于孩子们的教育，您认为在自然或社会中学到的经验比在学校的学习更重要吗？

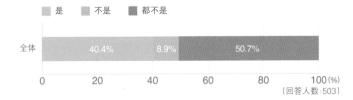

58.6% 的人认为需要高学历，也有 40.4% 的人认为在自然或社会中学到的经验比在学校的学习更重要。这两个回答看似矛盾，但也可以说，大家认为社会经验与学历同样重要。

育儿与社区交流

**除了父母和祖父母以外，让其他社会人员（邻居、退休老人等）
也参与养育孩子的话，您认为好吗？**

■ 好　　■ 不好　　■ 都不是

| 全体 | 63.4% | 12.9% | 23.7% |

0　　　20　　　40　　　60　　　80　　　100 (%)

（回答人数：503）

回答"好"的人的比例达到了 63.4%，好像很多人拥有这样的意识：对于孩子的养育，
除了父母以外，还应该由社会来参与。

育儿与工作方式

有了孩子后，如果您是正式员工，哪怕自己的收入减少，也认为缩短每天的工作时间更重要吗？

■ 是　　■ 不是　　■ 都不是

| 全体 | 75.5% | 10.3% | 14.1% |

0　　　20　　　40　　　60　　　80　　　100 (%)

（回答人数：503）

选择"是"的人高达 75.5%，很多人都认为自己的时间比收入更重要。

吃饭

睡觉

洗浴

放松

家务

收纳

工作

内与外·
土间

两代同居

高度差

走廊

南玄关

老年生活

紧凑生活

和室

可变性

吃饭

睡觉

洗浴

放松

家务

收纳

工作

内与外 ·
土间

两代同居

高度差

走廊

南玄关

老年生活

紧凑生活

和室

可变性

Enquête 04

适合老龄化社会的公寓服务

在这个问卷调查中，我们针对"老了之后希望公寓楼里有什么样的服务"进行了提问。在此，我们以老了之后身体还健康为前提。

从调查结果可以看出，我们要考虑的是，在老龄化社会中，如何才能实现让老年人感到生存价值的社会结构。关于公寓楼内的服务，大部分的人希望在隐私得到保护的前提下接受家政、烹饪等服务。还有，身体还健康的时候，不管是有偿还是无偿，多数人想参与社区活动。从这个调查结果来看，大部分人希望和家人或邻居有所关联。今后的公寓项目，不仅需要考虑对公寓内住户们的服务，可能还要考虑跟公寓所在地区对接的开放式服务。

(主题："适合老龄化社会的公寓服务"，问卷调查实行时间：2014 年 4 月 30 日～ 2014 年 5 月 19 日，回答人数：405，
URL: http://www.sumai-lab.net/2014/06/4303/)

吃饭的问题

如果公寓里设有公共厨房或食堂，大家轮流做饭或一起吃饭，您认为这样的服务好吗？

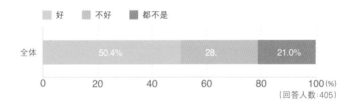

关于公寓里的公共厨房和食堂，50.4% 的人觉得"好"。而对于"这样的厨房和食堂设在哪里比较好"的问题，回答"只要有这样的地方就好"的人占 27.4%，回答"可以开放集会厅"的人占 28.9%。有人对轮流做饭、公共厨房有所需求，也有人希望在公共区域各自带饭吃。

公寓里的住户们互相帮忙做家务的有偿服务，您认为好吗？（多选）

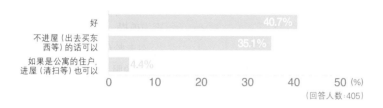

从调查结果来看，大家认为需要这种服务，但回答"不进屋的话可以"的人有35.1%。考虑到隐私问题，如果没有建立和服务人员的信任关系，大多数人对于家里没人的时候让别人进屋有抵触。随着年龄的增长，对家政服务的需求越来越多，60～69 岁的人之中 75.3% 的人回答有需要。随着体力的下降，感觉到自己需要家政服务的人似乎也在增加。

关于社区活动或志愿者活动

您想参与志愿者活动吗？

想参与的人加起来占到了 71.7%，如果进一步按年龄来看，40～49 岁和 60～69 岁的人对于参与志愿者活动比较积极。

吃饭

睡觉

洗浴

放松

家务

收纳

工作

内与外·土间

两代同居

高度差

走廊

南玄关

老年生活

紧凑生活

和室

可变性

吃饭

睡觉

洗浴

放松

家务

收纳

工作

内与外·
土间

两代同居

高度差

走廊

南玄关

老年生活

紧凑生活

和室

可变性

自己变老后，您想给同龄的老年人提供自己能做的服务吗？

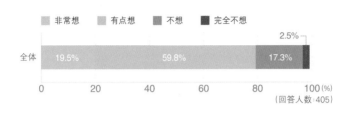

选"非常想""有点想"的人合计达到了79.3%，似乎有很多人想帮助别人，也想和周边的人保持联系。

在公寓里工作

您想在公寓里提供（有偿）服务并将之作为工作吗？

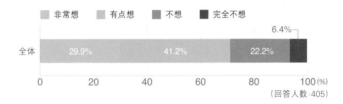

您想作为志愿者在公寓里提供（无偿）服务吗？

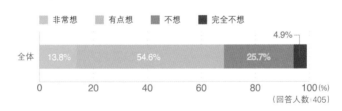

想"提供服务并将之作为工作"的人占71.1%，想"作为志愿者提供服务"的有68.4%，两种回答的比例都占到了全体的三分之二。但想要作为有偿工作者和想要作为志愿者参与的动机和理由可能不一样。

如果在公寓里工作，您的目的是什么？（多选）

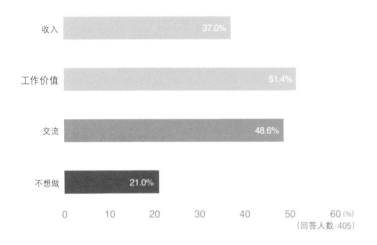

整体来看，选"工作价值""交流"的人约占一半，按年龄来看，30～39岁，40～49岁的人选"收入"的较多。这一结果与本项调查中其他问题的回答情况也有一定关联。

即使有公寓里的住户提供服务，您也想利用外部服务吗？

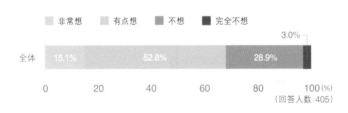

想利用外部服务的人达到了67.9%。不管是作为有偿工作者还是志愿者，人们是想提供服务的，但有可能是出于隐私上的顾虑，很多人还是不想只使用住户提供的服务。

吃饭

睡觉

洗浴

放松

家务

收纳

工作

内与外·土间

两代同居

高度差

走廊

南玄关

老年生活

紧凑生活

和室

可变性

吃饭

睡觉

洗浴

放松

家务

收纳

工作

内与外·
土间

两代同居

高度差

走廊

南玄关

老年生活

紧凑生活

和室

可变性

Enquête 05

育儿和工作

现在，工作的家庭中大约三分之一是双职工，其原因可能在于年轻人的薪资水平比从前低，以及女性走向社会的机会在增加等等。可是，双职工家庭面临一个重大问题是：如何育儿、工作两不误。针对这一问题，我们不仅对女性，也对男性进行了关于家务和育儿的问卷调查。

我们从调查结果中发现，关于如何让育儿、工作两不误的问题，理想和现实之间存在很大差距。由于各种限制，生育后的女性似乎很难像生育前一样工作，有的人不得不调换岗位，也有的人只好辞职。另外我们还发现，居家出勤制度也并未得到充分利用。不仅是女性，男性也是，想得到育儿休假的需求和实际得到的机会之间有很大差距。基于这种情况，要实现育儿、工作两不误，我们认为不仅需要改变制度，还需要企业改变意识，完善劳动环境。

（主题："育儿和工作"，问卷调查实行时间：2013 年 12 月 4 日 ～ 2013 年 12 月 25 日，回答人数：283，
URL: http://www.sumai-lab.net/2014/01/3891/）

育儿时的工作

现在，您的工作状态是什么?

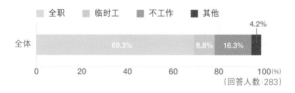

（回答人数：283）

孩子们长大后，回到原公司，您工作顺利吗?（有孩子）

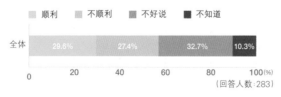

（回答人数：283）

女性生育之后，即使能够恢复工作，工作"不顺利"的人仍有 27.4%，占了相当高的比例。

工作不顺利的原因是什么？（多选）

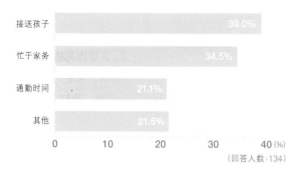

接送孩子　39.0%
忙于家务　34.5%
通勤时间　21.1%
其他　21.5%

0　10　20　30　40 (%)

（回答人数：134）

对于"工作不顺利的原因"，很多人提到"接送孩子""忙于家务""通勤时间"等时间分配受约束的问题。其他还有如"单位对育儿的不理解""产假结束之后换岗位"等。在自身和周边环境都有了变化的情况下，很多人认为很难做到工作、育儿两不误。
下面是大家回答的其他原因：

- 之前，加班和周末出勤什么的都觉得是理所当然的事，但有了孩子后我不想再将更多时间用于工作了。
- 即使回到原公司，如果加班太多，就没时间照顾孩子了。
- 自己想做的工作的性质和家庭生活不一致。
- 育儿休假结束后，公司进行了人事调动，业务内容也有了很大变化。
- 家人的不理解，不能加班。
- 当时没有得到公司的理解，什么支持也没有。
- 工作时间会受限制。
- 跟不怕加班的同事们工作方式还是不一样的。
- 如果孩子发烧，我就要去接孩子。即使申请了三年的育儿休假，孩子刚上托儿所的时候，我还是会由于孩子发烧等情况被频繁地叫过去，不得不暂停工作。
- 想专心育儿。
- 将孩子放在托儿所的时间有限，不能加班，也不能参加同事们的聚会。

吃饭

睡觉

洗浴

放松

家务

收纳

工作

内与外·土间

两代同居

高度差

走廊

南玄关

老年生活

紧凑生活

和室

可变性

吃饭

睡觉

洗浴

放松

家务

收纳

工作

内与外·
土间

两代同居

高度差

走廊

南玄关

老年生活

紧凑生活

和室

可变性

育儿环境

育儿环境中，您认为以下哪些因素比较重要？（多选）

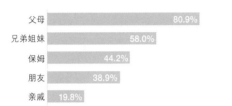

（回答人数：283）

很多人认为需要父母或者兄弟姐妹等家人的帮助。还有，跟亲戚朋友相比，保姆好像更易于依靠。
另外还有下面的回答：

- 超市、百货店、餐馆等。加班很晚回家的时候，还可以买点副食带走，在餐馆吃饭也很方便。
- 放心的感觉（能亲眼看到孩子和其他朋友建立良好的关系）。转换心情（哪怕很短暂，也要能离开育儿环境，能有自己的时间）。
- 家人。
- 学校以外的教育。
- 儿童活动中心。
- 育儿期间能够让人安心生活的行政、立法、司法支持。
- 社会对育儿中的妈妈的关心，比什么设施、法律都重要。
- 资金。保姆的时薪约 3000 日元（夜间、休息日会更高），需要足够的资金。从早到晚的话，一个孩子一天就需要 2 万日元以上。
- 家附近的安全性（车流量、娱乐场所、餐馆、公园等）。
- 妈妈自己不积累压力。
- 居住环境。家离公司近，周边设施便利，附近有公园，骑自行车可以到达的距离内还有很多孩子喜欢的地方。
- 有商业设施（日常购物），附近有课外活动教室。
- 工作单位的理解与制度上的支持。
- 可信任的配偶。
- 父母保持稳定的精神状态与经济状态。
- 附近有图书馆，有儿童馆等设施更好。
- 生活环境中孩子接触到的成年人（这会影响到孩子的学习和环境的治安）。

如果公寓里有育儿设施或服务，您希望是什么？（多选）

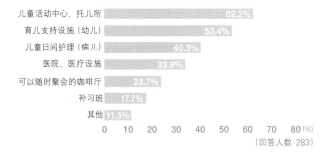

儿童活动中心、托儿所 **62.2%**
育儿支持设施（幼儿） **53.4%**
儿童日间护理（病儿.） **40.3%**
医院、医疗设施 **33.9%**
可以随时聚会的咖啡厅 **23.7%**
补习班 **17.7%**
其他 **11.3%**

0　10　20　30　40　50　60　70　80 (%)
（回答人数：283）

选择"儿童活动中心、托儿所""育儿支持设施"的人超过了一半，这说明，多数人认为日常服务比应急服务更有必要。
另外还有下面的回答：

● 托儿所关闭之后的 20:00 ~ 22:00 有可以看孩子的地方。
● 商场中的儿童游乐场。
● 可靠的监控设备，和蔼可亲的管理员。便于孩子们上、下学时集合或上、下幼儿园时等车的安全地点。
● 超市。
● 算盘补习班。
● 公寓楼里的婴幼儿游戏室。
● 安排保姆、叫车的服务。
● 图书馆等孩子们可以用来学习的空间。
● 回收房。
● 运动设施，运动教室。
● 父母或者朋友可以使用的客房。
● 家政服务。
● 社区交流用的设施或者促进社区交流的服务。
● 可以洗鞋子的洗鞋机，洗被子时使用的大型烘干机，自助洗衣房（有孩子的家庭使用频率高）。
● 孩子们可以玩耍的广场或者游戏场所，不用太大。
● 托儿所，可以让邻居们暂时帮忙照看孩子的设施。
● 短时间的家政服务（清扫、烹饪）。家里没人时的家政服务，如果是管理协会介绍的会比较放心。
● 没有什么特别的。在公寓里的话，我不知道什么需要或不需要。
● 有绿植和土的操场。

吃饭

睡觉

洗浴

放松

家务

收纳

工作

内与外·土间

两代同居

高度差

走廊

南玄关

老年生活

紧凑生活

和室

可变性

吃饭

睡觉

洗浴

放松

家务

收纳

工作

内与外·土间

两代同居

高度差

走廊

南玄关

老年生活

紧凑生活

和室

可变性

男性参与家务、育儿

您在现在的工作单位取得过育儿休假吗?

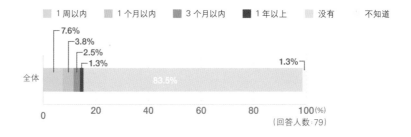

您希望在现在的工作单位取得多长时间的育儿休假?

我们针对男性进行了提问,想取得育儿休假的男性达到了51.9%,但实际取得过育儿休假的人只有15.2%。现在越来越多的企业有男性育儿休假制度,但实际申请的话,难以得到长时间的假期,还有复工后被调换岗位的可能性。目前男性获得育儿休假是很难的。

现在（或过去），您平时与孩子有什么样的互动？（多选）

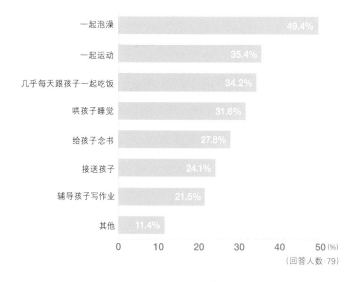

（回答人数：79）

回答最多的是"一起泡澡"，占 49.4%，其他如"一起运动""一起吃饭""哄孩子睡觉"等选项都超过了 30%，可以看出男性也在参与育儿。

吃饭

睡觉

洗浴

放松

家务

收纳

工作

内与外·土间

两代同居

高度差

走廊

南玄关

老年生活

紧凑生活

和室

可变性

吃饭

睡觉

洗浴

放松

家务

收纳

工作

内与外·
土间

两代同居

高度差

走廊

南玄关

老年生活

紧凑生活

和室

可变性

Enquête 06

工作方式和加班

之前我们进行的问卷调查中，56.7% 的人回答"想在家办公"，基于这一结果，我们重新进行了关于工作的调查。

从结果来看，对于工作的理由，持"为社会发展贡献自己的力量""感觉到工作价值"这种想法的人占一半以上。另外，收入也一样重要，我们发现，大家希望这两方面都能够实现。现代人是为了几个核心理由而工作的。

对副业有兴趣的人大约占 45%，达到了较高的比例。而实际上，有副业的人大约只占 11%，做副业或许比较难。我们看到，大约 61% 的人回答"有需要的话，休息日也会加班"，看来，对主业负责的态度是其原因之一。

(主题："工作方式和加班"，问卷调查实行时间：2013 年 10 月 30 日 ～ 2013 年 11 月 20 日，回答人数：828，URL: http://www.sumai-lab.net/2013/12/3582/)

工作方式

请回答您工作的理由。（多选）

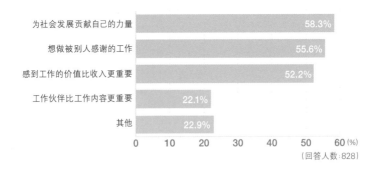

（回答人数：828）

我们也按年龄进行了统计，但对于上图的前三个理由，每个年龄段占比都是一样的，工作的理由没有年龄上的差别。在"其他"的回答中，有大约四分之一是"不仅是工作的价值，收入也很重要"。看得出，工作的理由当中，经济原因也是要优先考量的。

在您还可以工作的时候，不管年龄多大，您都想工作吗？

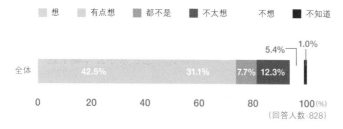

（回答人数：828）

回答"想""有点想"的人合计达到了 73.6%。然而，回答"想辞去工作，找个地方过悠闲的生活"的人，也有 65.7%。一方面想工作，另一方面又不想工作，很多人都同时持有这两种矛盾的想法。

您在做副业吗？

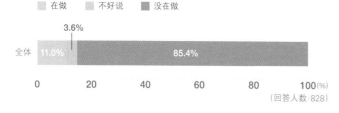

（回答人数：828）

您想做副业吗？

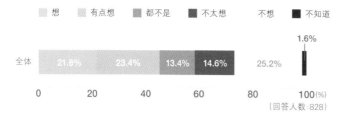

（回答人数：828）

现在已经在做副业的人只有 11%，而想做副业的人达到了 45.2%，这显示不少人对副业有兴趣。按年龄来看，20～29 岁的人当中想做副业的占 57%，30～39 岁的人当中则占 50.5%，都达到了一半以上，是比较高的比例。就像对换工作的态度一样，年轻人多对副业有兴趣，对工作方式也抱有比较自由的想法。

吃饭

睡觉

洗浴

放松

家务

收纳

工作

内与外·土间

两代同居

高度差

走廊

南玄关

老年生活

紧凑生活

和室

可变性

吃饭

睡觉

洗浴

放松

家务

收纳

工作

内与外·
土间

两代同居

高度差

走廊

南玄关

老年生活

紧凑生活

和室

可变性

加班

您认为不加班比较好吗？

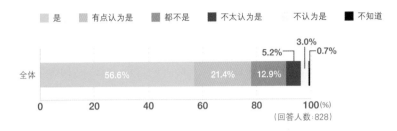

78% 的人认为不加班较好，而对此不太同意的人只有 8.2%。

有需要的话，休息日您也会加班吗？

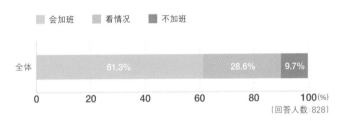

回答"会加班""看情况"的人高达 89.9%，似乎大多数的人认为，不加班比较好，但如果有需要，休息日也会加班。

吃饭

睡觉

洗浴

放松

家务

收纳

工作

内与外·
土间

两代同居

高度差

走廊

南玄关

老年生活

紧凑生活

和室

可变性

Enquête 07

居住形式和家庭形态

　　在经济急速发展的时代，谁都会想到这样的家庭形象：一家四口，两个小孩。随着时代的变化，现在的日本逐渐出现了多样的生活方式和家庭形态，比如老龄化、独居生活、不婚的年轻人、丁克一族、未婚妈妈、跟别人同居等。我们针对这种现代的家庭形态进行了问卷调查。

　　从结果来看，老年人较支持"老了以后，想离开现在的房子，住在小一点的房子里""跟农村相比，想住在生活更为方便的城市里"这种想法。另外，跟已成年的孩子同居的人的比例会随着年龄的增长而增高，50 ~ 59 岁的约占 10%，60 岁以上约占 15%，这个数字应该包含了跟未婚孩子同居的情况。我们也想让大家注意到目前的年轻人所面对的晚婚问题，以及很难离开父母独立生活的劳动问题。

(主题："居住形式和家庭形态"，问卷调查实行时间：2013 年 6 月 14 日~ 2013 年 7 月 3 日，回答人数：327，
URL: http://www.sumai-lab.net/2013/08/2615/)

将来居住的地方

20 年后，您想生活在哪里?（多选）

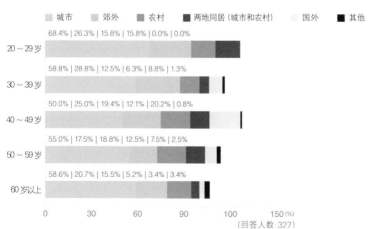

（回答人数：327）

60 岁以上的人选择在城市生活的比例比 50 ~ 59 岁的人稍高。而对于在两个地方轮流居住的选项，20 ~ 29 岁和 40 ~ 59 岁的人选择的比例明显很高。20 ~ 29 岁的人比较活跃，40 ~ 59 岁的人已经有了自己的房子，但对通勤时间的考虑或周末想悠闲地休息，或许是他们如此选择的原因。40 ~ 49 岁的人中，想在国外生活的有 20.2%，跟其他年龄段的人相比是最多的。

吃饭

睡觉

洗浴

放松

家务

收纳

工作

内与外·
土间

两代同居

高度差

走廊

南玄关

老年生活

紧凑生活

和室

可变性

您在为了购买房子而存钱吗?

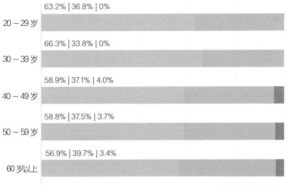

60.2% 的人回答了"是"。按年龄段来比较的话,正在存钱的人当中,30～39 岁的最多,达到了 66.3%,这个年龄属于首次买房者;60 岁以上的人占 56.9%,即一半以上,这些人应该是为了购买养老用的房子。

您想要购买什么样的房子?

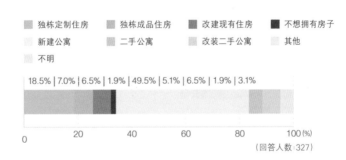

选择"新建公寓"的比率达到 49.5%,占了将近一半。选"二手公寓"的人占 5.1%,"改装二手公寓"的占 6.5%,共 11.6% 的人想购买二手房。另外值得关注的是,6.5% 的人选了"改建现有住房"。因为回答问题的人大多住在城市,所以很多人会选择公寓,而不是独栋住房。全国平均来看的话,选择独栋住房的人会比选公寓的人更多。

老后生活

您老了以后，想离开现在的房子，住在小一点的房子里吗？

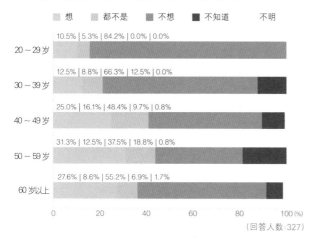

想住比现在小一点的房子的人占 23.4%。60 岁以上的人中，该比例会稍微降低，但整体来看，随着年龄的增长该比例是越来越高的。孩子们已经长大，人们可能想只带着必要的东西，在小房子里过简单的生活。

跟农村相比，您想住在生活更为方便的城市里吗？

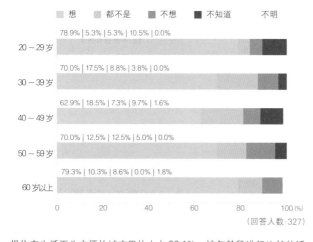

想住在生活更为方便的城市里的人占 69.1%。按年龄段进行比较的话，40 ～ 49 岁中该比例是最低的，50 ～ 59 岁和 60 岁以上再次增多。之前倾向于农村生活的人，实际到了一定年龄，又会选择城市生活。

吃饭

睡觉

洗浴

放松

家务

收纳

工作

内与外·土间

两代同居

高度差

走廊

南玄关

老年生活

紧凑生活

和室

可变性

吃饭

睡觉

洗浴

放松

家务

收纳

工作

内与外·
土间

两代同居

高度差

走廊

南玄关

老年生活

紧凑生活

和室

可变性

两代同居

孩子长大后，还想跟孩子同居吗（有孩子）？

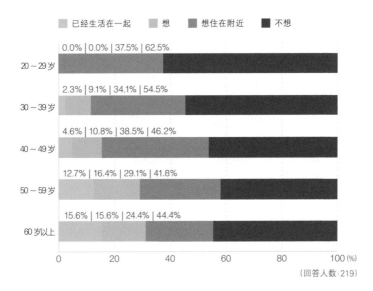

（回答人数：219）

随着年龄的增长，回答"已经生活在一起"的比例越来越高，50～59岁中达到了12.7%。60岁以上的人当中，15.6%的人已经跟成年后的孩子生活在一起。除了20～29岁以外，回答"不想"的人，大多数的理由是"已成年的孩子应该自己独立生活"。而另一方面，还有不少人选了"想住在附近"，看得出人们希望孩子独立生活，但还是持有在需要的时候随时帮忙的父母心。

Enquête 08

垃圾房

在这里我们询问了关于垃圾房和公寓里的垃圾处理方式的问题。

回答中，大约44%的人认为垃圾房很干净。还有，在公寓里设置拆包裹及回收包装材料的空间的提案也得到了很高的赞同。这样的空间能推动公寓住户的回收参与度，它不只是垃圾房，还可以作为住户之间产生新的交流的空间。

（主题："垃圾房"，问卷调查实行时间：2013/04/23 ～ 2013/06/03，回答人数：308，URL: http://www.sumai-lab.net/2013/06/2322/）

吃饭

睡觉

洗浴

放松

家务

收纳

工作

内与外·土间

两代同居

高度差

走廊

南玄关

老年生活

紧凑生活

和室

可变性

吃饭

睡觉

洗浴

放松

家务

收纳

工作

内与外·
土间

两代同居

高度差

走廊

南玄关

老年生活

紧凑生活

和室

可变性

关于扔垃圾的规定日子

您住的地方，扔垃圾有规定的日子吗?

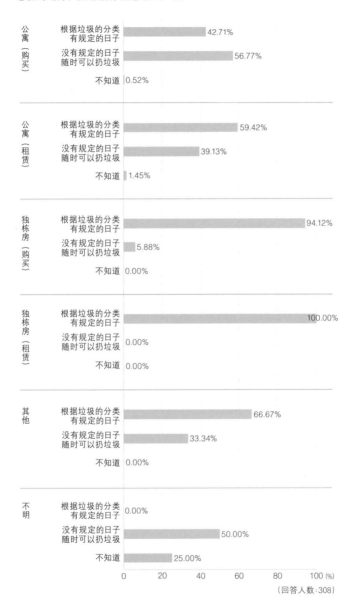

公寓
（购买）

根据垃圾的分类
有规定的日子　42.71%

没有规定的日子
随时可以扔垃圾　56.77%

不知道　0.52%

公寓
（租赁）

根据垃圾的分类
有规定的日子　59.42%

没有规定的日子
随时可以扔垃圾　39.13%

不知道　1.45%

独栋
房
（购买）

根据垃圾的分类
有规定的日子　94.12%

没有规定的日子
随时可以扔垃圾　5.88%

不知道　0.00%

独栋
房
（租赁）

根据垃圾的分类
有规定的日子　100.00%

没有规定的日子
随时可以扔垃圾　0.00%

不知道　0.00%

其
他

根据垃圾的分类
有规定的日子　66.67%

没有规定的日子
随时可以扔垃圾　33.34%

不知道　0.00%

不
明

根据垃圾的分类
有规定的日子　0.00%

没有规定的日子
随时可以扔垃圾　50.00%

不知道　25.00%

0　20　40　60　80　100 (%)

（回答人数:308）

在购买的公寓里，大概一半的人不管周几，随时都会扔垃圾。

对垃圾房的印象

您觉得所在公寓里的垃圾房怎么样?(多选)

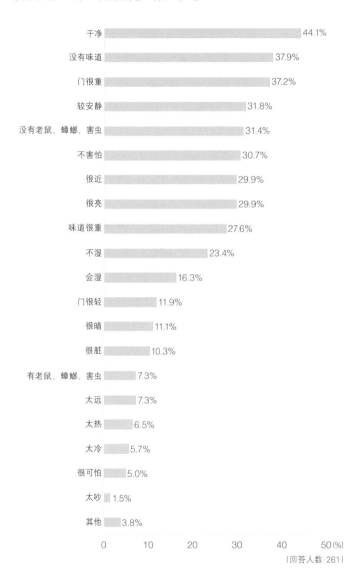

干净 44.1%
没有味道 37.9%
门很重 37.2%
较安静 31.8%
没有老鼠、蟑螂、害虫 31.4%
不害怕 30.7%
很近 29.9%
很亮 29.9%
味道很重 27.6%
不湿 23.4%
会湿 16.3%
门很轻 11.9%
很暗 11.1%
很脏 10.3%
有老鼠、蟑螂、害虫 7.3%
太远 7.3%
太热 6.5%
太冷 5.7%
很可怕 5.0%
太吵 1.5%
其他 3.8%

0　10　20　30　40　50(%)

(回答人数:261)

回答垃圾房"干净"的人占44.1%,反之,觉得"很脏"的人占10.3%。很多垃圾房似乎保持得很干净。

吃饭

睡觉

洗浴

放松

家务

收纳

工作

内与外·土间

两代同居

高度差

走廊

南玄关

老年生活

紧凑生活

和室

可变性

吃饭

睡觉

洗浴

放松

家务

收纳

工作

内与外·
土间

两代同居

高度差

走廊

南玄关

老年生活

紧凑生活

和室

可变性

关于公共区域

纸箱子等包装材料，如果将东西带到家拆开之后再放到垃圾房，会比较麻烦。那么
如果有可以在现场拆开后直接将包装材料放在垃圾房的空间,您觉得方便吗?（多选）

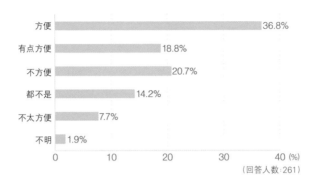

回答"方便""有点方便"的人合计超过了一半。在公寓的公共区域,如果有这样的空间,
并在此准备拆箱用具，还是很方便的。

如果公寓里有回收空间，您觉得好吗?

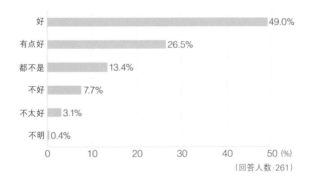

回答"好""有点好"的人,合计竟然占 75.5%。基于上面的调查结果,我们或许可以
考虑设置这样的空间。

吃饭

睡觉

洗浴

放松

家务

收纳

工作

内与外·
土间

两代同居

高度差

走廊

南玄关

老年生活

紧凑生活

和室

可变性

Enquête 09

吃饭

在这里，我们针对有关吃饭的现代生活方式进行了提问。从结果来看，大多数的人每天在家里吃饭。对于是否在外面买副食或者便当的问题，回答"不经常买""不买"的人很多，但还是有约 35% 的人是按一周一次以上的频率在买。

还有，想和家里人一起吃饭的比例，已婚者达到约 80%，未婚者达到约 50%，而觉得实际很难做到的比例，已婚者约 50%，未婚者约 60%，我们认为这个数字值得思考。

(主题："吃饭"，问卷调查实行时间：2012 年 9 月 26 日~ 10 月 21 日，回答人数：406，URL: http://www.sumai-lab.net/2012/12/1785/)

关于在外面吃饭的频率

您每周的工作日在家里吃几次饭?

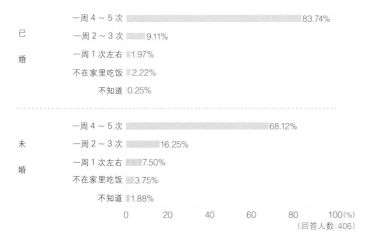

（回答人数:406）

关于工作日的吃饭习惯，大多数的人回答工作日几乎每天都在家里吃饭。

吃饭

睡觉

洗浴

放松

家务

收纳

工作

内与外·
土间

两代同居

高度差

走廊

南玄关

老年生活

紧凑生活

和室

可变性

关于购买食品

您一周有几天在超市或者百货店购买副食或者便当?

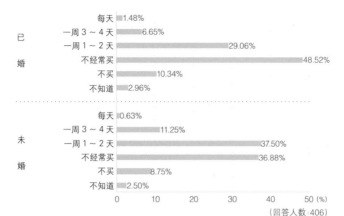

未婚者购买副食或者便当的频率比已婚者高，但整体来看，已婚者和未婚者都不经常买。

在家做晚饭的频率

一周有几天不在家做晚饭?

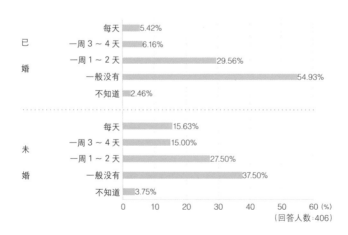

回答"一般没有"的已婚者最多，达到了54.93%。其次是"一周1～2天"，达到了29.56%。

您是否认为家人不一起吃饭也可以?

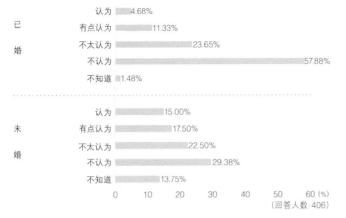

对于这个问题的认同度,"不认为""不太认为"的已婚者比例一共占到 81.53%,大多数人想和家人一起吃饭。

您是否认为家人应该一起吃饭,但又觉得很难实现?

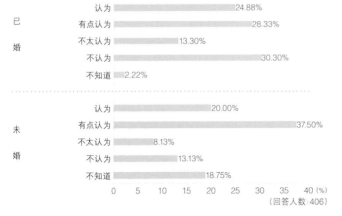

对于这个问题的认同度,"认为""有点认为"的已婚者比例一共占到 53.21%,比"不认为""不太认为"的人多。另外也看得出,更多未婚者虽然认为家人应该一起吃饭,但实际上很难实现。

吃饭
睡觉
洗浴
放松
家务
收纳
工作
内与外·土间
两代同居
高度差
走廊
南玄关
老年生活
紧凑生活
和室
可变性

Enquête 10

食品配送服务

在这里，我们针对食品配送服务的使用情况和相关设备进行了提问。从回答来看，我们发现食品配送服务中的收货环节还有待改善。作为此问题的解决方案，我们考虑了带有冷藏、冷冻功能的"食品邮箱"，还提出给配送人员发放公寓楼钥匙等建议。结果，约 70% 的人对带有冷藏、冷冻功能的"食品邮箱"表示欢迎，约 30% 的人对于给配送人员钥匙的建议表示同意。因为发放钥匙涉及安全问题，所以需要具体制定发放规则。为了确保安全，我们认为公寓住户之间彼此增进认识也是一种解决办法。

(主题："公寓安全问题和食品配送服务"，问卷调查实行时间：2012 年 4 月 18 日~5 月 2 日，回答人数：415，URL: http://www.sumai-lab.net/2012/06/1060/)

食品配送服务的使用情况

您使用食品配送服务吗?

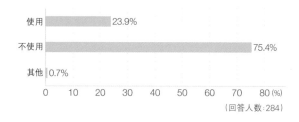

（回答人数:284）

各种各样的公司都在逐渐开始食品配送服务，但被使用率还是只有 23.9% 左右，不是很高。

您使用食品配送服务的理由是什么？（多选）

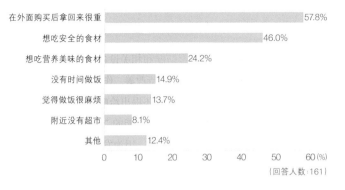

在外面购买后拿回来很重　57.8%
想吃安全的食材　46.0%
想吃营养美味的食材　24.2%
没有时间做饭　14.9%
觉得做饭很麻烦　13.7%
附近没有超市　8.1%
其他　12.4%

0　10　20　30　40　50　60 (%)

（回答人数：161）

回答"在外面购买后拿回来很重"的人占57.8%，回答"想吃安全的食材"的人占46.0%，可以看出，很多人重视食材的安全性。

您在使用食品配送服务时有哪些觉得困扰的地方？（多选）

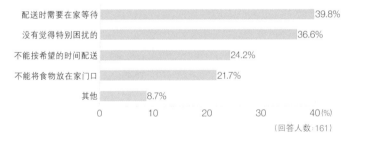

配送时需要在家等待　39.8%
没有觉得特别困扰的　36.6%
不能按希望的时间配送　24.2%
不能将食物放在家门口　21.7%
其他　8.7%

0　10　20　30　40 (%)

（回答人数：161）

39.8%的人回答"配送时需要在家等待"，另一方面，36.6%的人回答"没有觉得特别困扰的"。为"不能将食物放在家门口"而感到困扰的人有21.7%，这可以说是公寓特有的问题。

吃饭

睡觉

洗浴

放松

家务

收纳

工作

内与外·土间

两代同居

高度差

走廊

南玄关

老年生活

紧凑生活

和室

可变性

吃饭

睡觉

洗浴

放松

家务

收纳

工作

内与外·
土间

两代同居

高度差

走廊

南玄关

老年生活

紧凑生活

和室

可变性

关于家里没人时的代收地点

如果有带冷藏、冷冻功能的"食品邮箱"，您觉得方便吗?

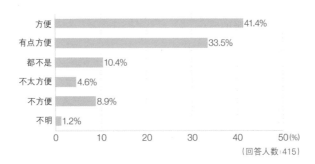

（回答人数：415）

回答"方便""有点方便"的人占74.9%，是最多的，看来人们对带有冷藏、冷冻功能的"食品邮箱"的需求很大。

如果给报纸或快递配送人员发放公寓楼的大门钥匙，您觉得方便吗?

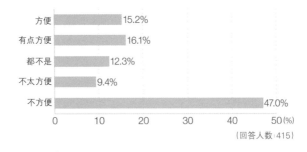

（回答人数：415）

回答"方便""有点方便"的人共有31.3%，"都不是"的占12.3%，"不太方便""不方便"的共占56.4%。不想给钥匙的人占到一半以上，但约30%的人觉得还是可以给的。看来有不少人希望家里没人的时候，可以把东西送到家门口。

Enquête 11

洗衣服

　　在这里，我们针对洗衣服的方式、放置洗衣机的位置、晾衣的地方、熨衣服的地方等有关洗衣动线的因素进行了提问。

　　人们晾衣服的地方主要有三个：阳台，洗漱间（包括浴室），客厅（包括和室）。在阳台晾衣服的人希望将洗衣间设在阳台旁边；在洗漱间（包括浴室）晾衣服的人，希望把洗漱间同时打造成家务空间，宽敞一些；在客厅晾衣服的人，希望在客厅的角落设计一个家务空间。

　　叠衣服、收纳衣服等家务似乎比较费时间，回答"需要家人帮助"的人较多。如果家人帮忙的话，就要考虑叠衣服的地方、收纳衣服时的动线，这方面还有很大的讨论余地。

（主题："洗衣服"，问卷调查实行时间：2011 年 12 月 21 日～ 2012 年 1 月 9 日，回答人数：644，URL: http://www.sumai-lab.net/2012/02/497/）

洗衣机和烘干机的使用频率

您一天洗几次衣服?

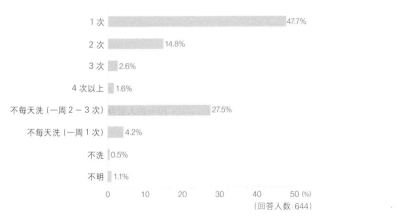

（回答人数：644）

回答"1 次"的人最多，占 47.7%。每天洗 1 次及以上的人加起来占 66.7%，绝大多数的人每天洗衣服。

吃饭

睡觉

洗浴

放松

家务

收纳

工作

内与外·土间

两代同居

高度差

走廊

南玄关

老年生活

紧凑生活

和室

可变性

吃饭

睡觉

洗浴

放松

家务

收纳

工作

内与外·
土间

两代同居

高度差

走廊

南玄关

老年生活

紧凑生活

和室

可变性

您在哪里晾衣服，想在哪里晾衣服？

您在哪里晾衣服？

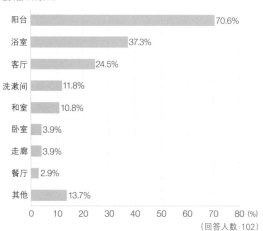

您想在哪里晾衣服？（多选）

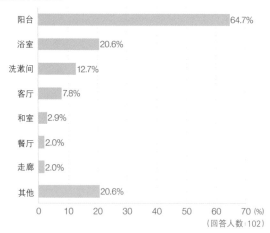

您在哪里晾衣服？

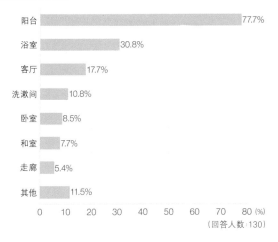

已婚女性（全职太太）

阳台	77.7%
浴室	30.8%
客厅	17.7%
洗漱间	10.8%
卧室	8.5%
和室	7.7%
走廊	5.4%
其他	11.5%

0　10　20　30　40　50　60　70　80 (%)

（回答人数：130）

您想在哪里晾衣服？（多选）

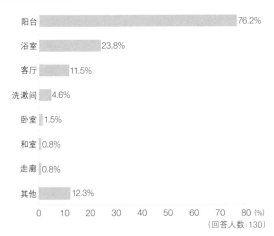

已婚女性（全职太太）

阳台	76.2%
浴室	23.8%
客厅	11.5%
洗漱间	4.6%
卧室	1.5%
和室	0.8%
走廊	0.8%
其他	12.3%

0　10　20　30　40　50　60　70　80 (%)

（回答人数：130）

在这两个提问中，回答最多的是"阳台"，其他分别还有"洗漱间""浴室""客厅"。基于此结果，除了阳台以外，我们或许还需要考虑在其他地方晾衣服的方法和动线。与双职工太太相比，全职太太在阳台晾衣服的需求更多。她们白天待在家里，因此喜欢利用阳光，在户外晾衣服。而另一方面，有工作的人在客厅晾衣服的比率较高。因为她们白天不在家，会遇到下雨或者很晚回家的情况，在家里晾衣服比较放心。

吃饭

睡觉

洗浴

放松

家务

收纳

工作

内与外·土间

两代同居

高度差

走廊

南玄关

老年生活

紧凑生活

和室

可变性

吃饭

睡觉

洗浴

放松

家务

收纳

工作

内与外·
土间

两代同居

高度差

走廊

南玄关

老年生活

紧凑生活

和室

可变性

您在哪里叠衣服，想在哪里叠衣服？

您在哪里叠衣服？想在哪里叠衣服？（多选）

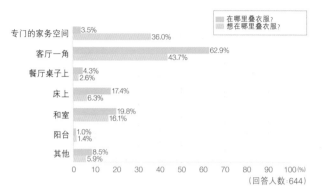

对于"在哪里叠衣服"的提问，回答"客厅一角"的人最多。另外，对于"想在哪里叠衣服"的提问，回答"客厅一角""专门的家务空间"的人占绝大多数。由此我们可以看出人们对家务空间的需求，但是想在和室叠衣服的人也占一定数量，叠衣服的方法也是各式各样的。家里的户型结构对这一结果似乎也有很大影响。

希望家人帮助的事情

在洗衣服这件事上，您觉得哪方面需要家人的帮助呢？（多选）

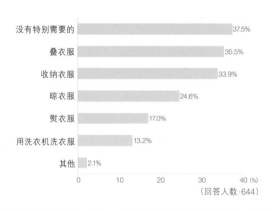

35.5%的人选择"叠衣服"，另外，33.9%的人选择"收纳衣服"。看来，叠衣服、收纳衣服的工作量较大。

五十个户型方案

第3章

在本章中，我们以"吃饭""睡觉""洗浴""放松""家务"等生活行为，"内与外·土间""两代同居"等空间的设计方法，以及"高度差""走廊""老年生活""紧凑生活"等其他话题作为主题，提出了五十个户型方案。基本上，这些户型方案是基于新房的，但也同样适用于老房。在根据家庭的生活方式对房屋进行个性化、改建、翻新时，本章内容能给大家带来一些提示。

吃饭

睡觉

洗浴

放松

家务

收纳

工作

内与外·
土间

两代同居

高度差

走廊

南玄关

老年生活

紧凑生活

和室

可变性

关于本章中的户型图

本章中提出的户型方案源自于各种各样的想法，但基本都基于下图中的原始尺寸和面积。

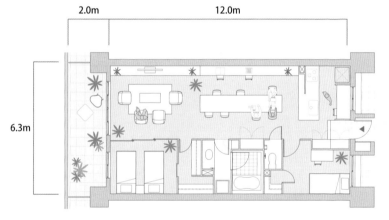

吃饭

吃饭

睡觉

洗浴

放松

家务

收纳

工作

内与外·
土间

两代同居

高度差

走廊

南玄关

老年生活

紧凑生活

和室

可变性

做什么样的菜，和谁一起吃饭，这些都是决定生活品质的重要因素。为了实现理想的生活，我们需要考虑在哪里设计什么样的厨房空间，以及如何布置餐厅、客厅。

吃饭

睡觉

洗浴

放松

家务

收纳

工作

内与外·
土间

两代同居

高度差

走廊

南玄关

老年生活

紧凑生活

和室

可变性

Plan 01　以宽敞的餐厅为核心

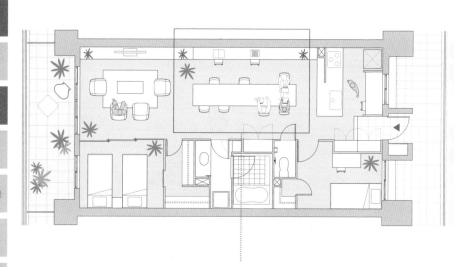

为了让全家人自然而然地聚集到一起，我们把餐厅放在中心位置，同时还把围绕餐厅的生活动线作为整体生活动线的核心来考虑。厨房、餐厅、客厅这三个空间是连着的，从厨房能看到家里每一个人。在餐厅不仅可以吃饭，还可以工作、做家务，孩子们可以在这里做作业。

Plan 02　**小厨房和吧台**

吃饭

睡觉

洗浴

舒畅

家务

收纳

工作

内与外·
土间

两代同居

高度差

走廊

南玄关

老年生活

紧凑生活

和室

可变性

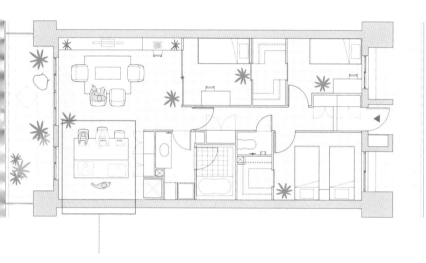

本方案厨房比较小，面前设有吧台，在厨房的对面就可以吃饭。在越来越多的家庭中，每一个人的生活节奏都不一样，虽然大家在同一个空间，但大多情况是各做各的事情，例如做饭、吃饭、看电视、做家务等，而这或许就是现代生活的样子。

吃饭
睡觉
洗浴
放松
家务
收纳
工作
内与外·土间
两代同居
高度差
走廊
南玄关
老年生活
紧凑生活
和室
可变性

Plan 03　**大小两个餐厅**

这部分的地面比其他地方低了 20 厘米，这样可以使厨房台面和吧台的高度保持一致。

赶时间的时候，可以在厨房对面的吧台吃饭，全家一起悠闲享用美食的时候，则使用旁边的大餐桌。在厨房做饭的时候，还可以跟餐厅或客厅的家人聊天。

Plan 04 **开放式厨房**

吃饭

睡觉

洗浴

放松

家务

收纳

工作

内与外·土间

两代同居

高度差

走廊

南玄关

老年生活

紧凑生活

和室

可变性

在客厅的角落设计了工作、学习和做家务的空间。

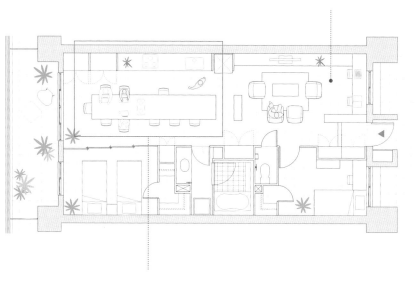

在较大的餐桌上面装了电磁炉，将餐桌后面的台面做成了厨房操作台，并且有炉子，这样就可以跟家人或朋友们一起边做边吃。

吃饭

睡觉

洗浴

放松

家务

收纳

工作

内与外·
土间

两代同居

高度差

走廊

南玄关

老年生活

紧凑生活

和室

可变性

Plan 05　独立餐厅

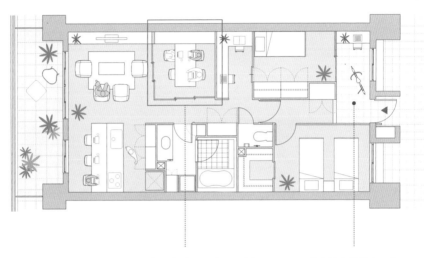

通过隔断把餐厅独立起来，将拉门全打开的话，餐厅就能与客厅相连，形成一体的空间。在这里可以好好享受精心制作的料理。人们有时候会希望像这样度过丰富而悠闲的时光。

将玄关空间扩大一些，腾出放自行车、儿童车的空间。

睡觉

放心舒适地睡觉，对于人类来说是很重要的
一件事。睡觉的地方，也是家里很重要的空
间之一。在这里，我们不仅基于房子的整体
户型设计了睡觉的空间，还在设计中考虑了
人们想以什么样的方式待在这里。

吃饭

睡觉

洗浴

放松

家务

收纳

工作

内与外·
土间

两代同居

高度差

走廊

南玄关

老年生活

紧凑生活

和室

可变性

吃饭
睡觉
洗浴
放松
家务
收纳
工作
内与外·土间
两代同居
高度差
走廊
南玄关
老年生活
紧凑生活
和室
可变性

Plan 06　**一个人睡**

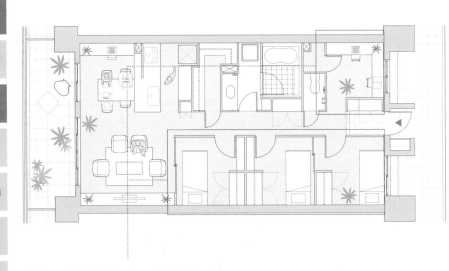

首先，本方案为家里每一个人设计了单独的睡觉空间。比如，生活节奏不一样的夫妻两人，各自的入睡时间是不一样的，不少人还是想独自安安静静地睡觉。在这里设计的卧室，是只用于睡觉的，所以在靠近玄关的部分设计了家里人都可以使用的多功能工作空间。

参考 → Column 05 "基于多种居住形式的卧室"（p.042）
相关网址 → ＃23 "关于卧室"

Plan 07　家人睡在一起

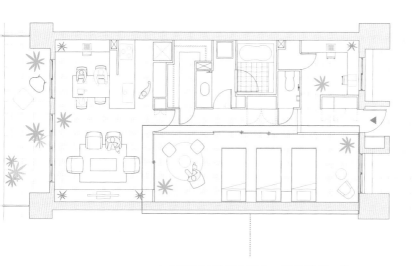

本方案设计了家人睡在一起的卧室，并在卧室里放了沙发，睡觉之前的时间可以跟家人一起度过。在卧室里可以直接在地上放床垫，在上面铺被子，甚至也可以直接抬高地面，做成固定床。与Plan 06一样，玄关附近也设计了家人共用的工作台。

参考 → Column 05 "基于多种居住形式的卧室" (p.042)
相关网址→ ＃ 23 "关于卧室"

吃饭

睡觉

洗浴

放松

家务

收纳

工作

内与外·
土间

两代同居

高度差

走廊

南玄关

老年生活

紧凑生活

和室

可变性

吃饭

睡觉

洗浴

放松

家务

收纳

工作

内与外·
土间

两代同居

高度差

走廊

南玄关

老年生活

紧凑生活

和室

可变性

Plan 08　**大卧室**

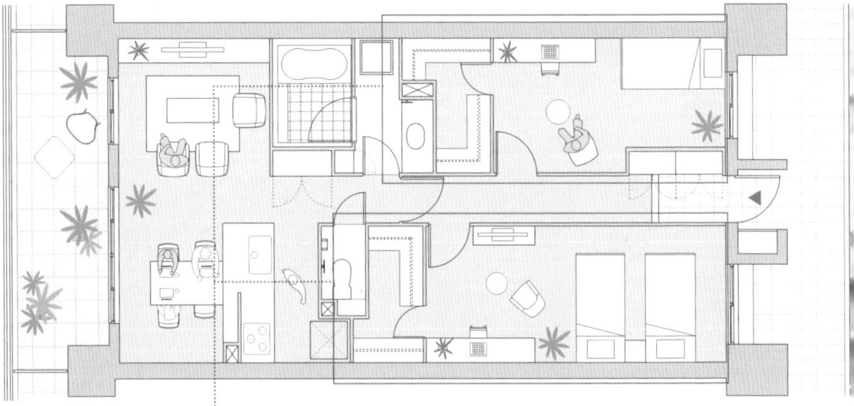

本方案把主卧室和儿童卧室扩大了一些，不仅用于睡觉，还可以作为工作和放松的空间。在这里，夫妻两人可以一起看看书、听听音乐、聊聊天。睡觉前还可以一起聊聊白天发生的事情。这个方案也适合孩子们长大后，想更加重视自己时间的人们。

参考 → Column 05 "基于多种居住形式的卧室"（p.042）
相关网址 → # 23 "关于卧室"

Plan 09　**用家具来分隔卧室空间**

大型收纳

做家务.
工作的空间

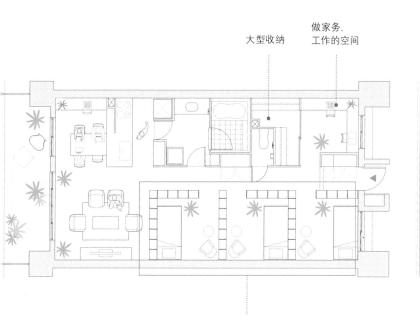

本方案不是用墙来隔断空间，而是用家
具来遮挡卧室间的视线。这样可以让空
间尽量大一些。而且，孩子们长大后家
庭成员结构有变化时，还可以改变户型。
在这里，人们可以感觉到家人的气息，
同时待在自己觉得舒服的地方。

参考 → Column 05 ″基于多种居住形式的卧室″ (p.042)
相关网址 → ＃ 23 ″关于卧室″

吃饭

睡觉

洗浴

放松

家务

收纳

工作

内与外·土间

两代同居

高度差

走廊

南玄关

老年生活

紧凑生活

和室

可变性

吃饭

睡觉

洗浴

放松

家务

收纳

工作

内与外·
土间

两代同居

高度差

走廊

南玄关

老年生活

紧凑生活

和室

可变性

Plan 10　**床排列在靠墙的位置**

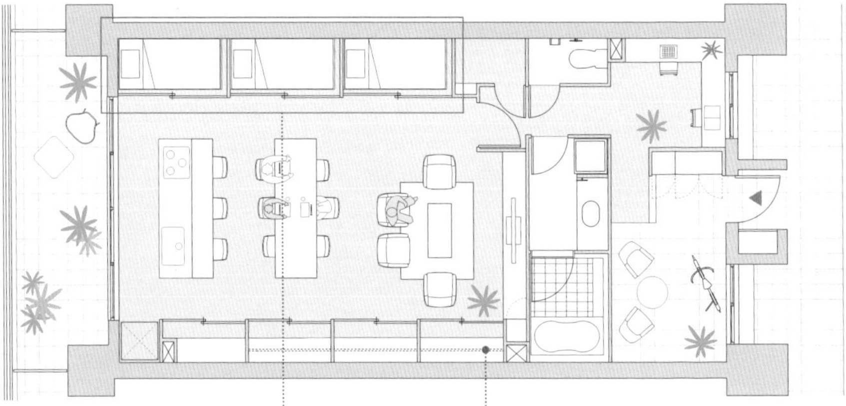

大家在靠墙的位置排成一排睡觉。日本
住宅面积不大，这样可以将睡觉的空间
尽量缩小，并将腾出来的空间作为其他
用途。

大型收纳

参考 → Column 05 ″基于多种居住形式的卧室″ (p.042)
相关网址 → ＃ 23 ″关于卧室″

洗浴

吃饭

睡觉

洗浴

放松

家务

收纳

工作

内与外·
土间

两代同居

高度差

走廊

南玄关

老年生活

紧凑生活

和室

可变性

日本人喜欢泡澡。洗浴不仅是为了缓解疲劳，还有享受远离日常的时间的意义，这跟旅游时去泡温泉是一样的。公寓的浴室是否也可以成为这种有特别意义的地方？让我们从这个观点出发，思考一下户型吧。

吃饭

睡觉

洗浴

放松

家务

收纳

工作

内与外·
土间

两代同居

高度差

走廊

南玄关

老年生活

紧凑生活

和室

可变性

Plan 11　连着阳台的浴室

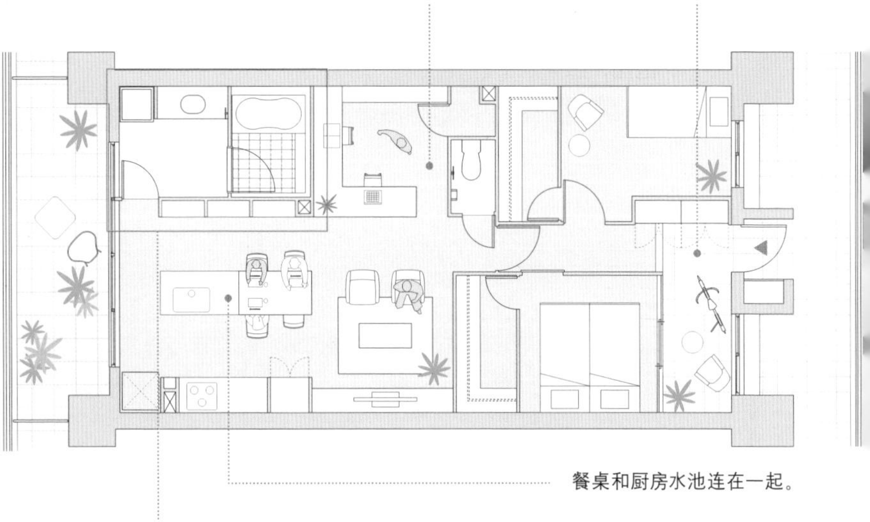

工作空间设在比较隐
蔽的位置，可以保持
安静的环境。

连着玄关的土间

餐桌和厨房水池连在一起。

本方案在靠近阳台的部分放置了浴室，
泡澡之后去阳台吹吹风，您觉得怎么
样？从洗漱间直接到阳台的动线，也便
于洗衣后晾晒。

［本户型在"The Parkhouse 茅崎东海岸南"（2012 年竣工）项目中被采用为备选户型。］

参照 → Column 24 "可选户型的公寓"（p.086）
相关网址 → ＃ 07 "关于户型的可变性"

Plan 12 在客厅放浴缸

本方案在客厅放置了开放式浴缸。这部分的地面被抬高，在这里嵌入浴缸。休息日里一边看书、听音乐、喝茶，一边泡澡，感觉是不是很特别？平时忙的时候，则使用设在另一处的洗澡空间。

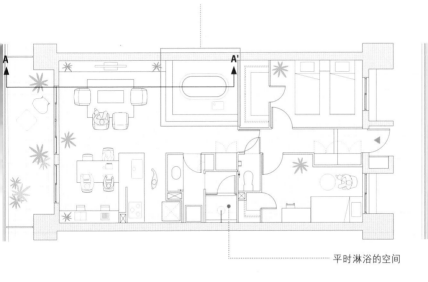

———— 平时淋浴的空间

A-A' 立面图

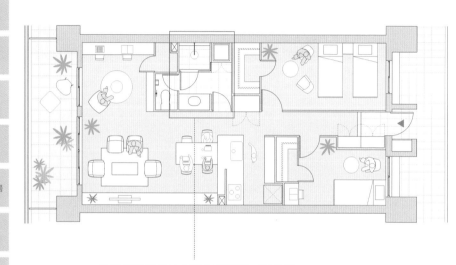

吃饭

睡觉

洗浴

放松

家务

收纳

工作

内与外·
土间

两代同居

高度差

走廊

南玄关

老年生活

紧凑生活

和室

可变性

Plan 13　只保留淋浴

最近越来越多的人晚上不泡澡，而是早上出门前淋浴。休息日或者有时间的时候去健身房或洗浴中心的大浴池泡澡，平时则只使用淋浴。于是，我们设计了没有浴缸的浴室，这样可以将其他空间扩大。除了平时使用的客厅以外，还设计了次客厅和书房，主卧室也扩大了一些。

Plan 14　玄关旁边的浴室

本方案的特点在于：户外活动中玩得全身都是泥的孩子们，回家后可以从玄关直接到浴室洗澡，之后再进入室内。浴室门不关，保持打开，这样可以一边泡澡一边看客厅的电视。此外，玄关处设计了土间，这部分空间可以用于户外用品或旅游用品的保养、自行车的维护等，还可以当成接待客人的空间。

没有墙，也不用玻璃或者门来隔断，只在洗澡的时候用窗帘遮挡视线。

吃饭

睡觉

洗浴

放松

家务

收纳

工作

内与外·土间

两代同居

高度差

走廊

南玄关

老年生活

紧凑生活

和室

可变性

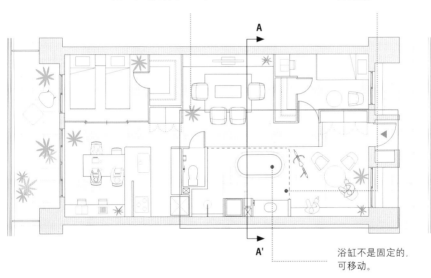

浴缸不是固定的，可移动。

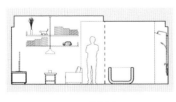

A-A' 立面图

吃饭

睡觉

洗浴

放松

家务

收纳

工作

内与外·
土间

两代同居

高度差

走廊

南玄关

老年生活

紧凑生活

和室

可变性

放松

对于忙于日常生活的现代人，很多人希望拥有什么都不做，可以放松的时间。在不赶时间的情况下，看看喜欢的书，听听音乐，看看电视，喝喝酒。让自己放松的办法、对放松的想法，每个人或许都不一样。在这里，我们考虑了客厅和客厅以外的可以独处的空间。

Plan 15 **大客厅**

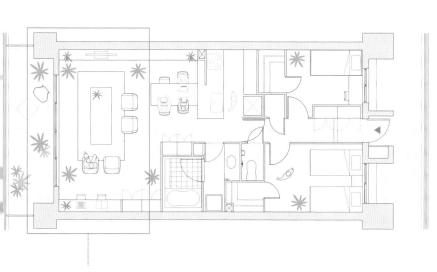

很多人表示想要很大的客厅。于是，本方案把向南的空间全都作为客厅。在宽敞的空间里放沙发，可用的空间就大了。这样的大客厅适合使用小地毯。

吃饭

睡觉

洗浴

放松

家务

收纳

工作

内与外·
土间

两代同居

高度差

走廊

南玄关

老年生活

紧凑生活

和室

可变性

Plan 16 便于午睡的另一个客厅

看着窗户外面的景观工
作或做家务等的空间。

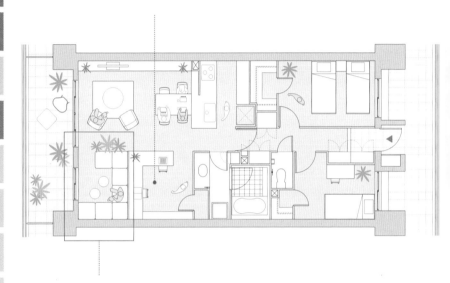

大家都想保持客厅整洁。本方案除了需
要每天打扫干净的主客厅以外，还设计
了次客厅。次客厅供家人自己使用，稍
微乱点儿也不用介意。在房子靠里一些
的位置，用绿植等遮挡主客厅的视线。
在这里看看书也好，午睡也好，可以放
松一点儿、随意一点儿。在这样采光效
果好的地方小睡一下，想想也觉得很舒
服！

Plan 17　**夫妻两人的放松空间**

吃饭

睡觉

洗浴

放松

家务

收纳

工作

内与外·土间

两代同居

高度差

走廊

南玄关

老年生活

紧凑生活

和室

可变性

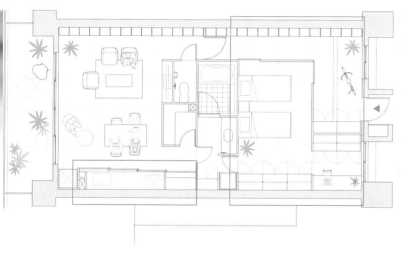

本方案把夫妻两人的主卧室放在房子的中间位置，并做了占据一面墙的收纳，可以把所有东西都收纳在这里。卧室较大，还带有小书房。厨房有拉门，不使用时可以关闭，这样从客厅就看不见里面了。

［本户型在"The Parkhouse 茅崎东海岸南"（2012 年竣工）项目中被采用为备选户型。］

参照 → Column 24 "可选户型的公寓"（p.086）
相关网址 → ＃07 "关于户型的可变性"

吃饭

睡觉

洗浴

放松

家务

收纳

工作

内与外·
土间

两代同居

高度差

走廊

南玄关

老年生活

紧凑生活

和室

可变性

Plan 18　令人身心放松的榻榻米空间

铺榻榻米的日式空间，
将地面抬高了40厘米，
地下做成了收纳空间。

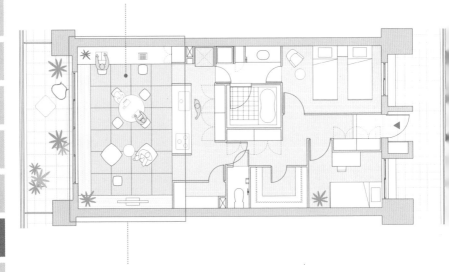

本方案将厨房旁边用餐空间的地面抬高，做成铺设榻榻米的日式空间。借此可以实现日本传统的生活方式——坐在地上生活。这里不放图中有的家具，人们可以坐在自己想坐的地方，偶尔躺在榻榻米上也很不错。

家务

吃饭

睡觉

洗浴

放松

家务

收纳

工作

内与外·土间

两代同居

高度差

走廊

南玄关

老年生活

紧凑生活

和室

可变性

大家是不是每天都花很多时间做家务？谁都想提高家务效率，而左右家务效率的一大因素就是"生活动线"。其实考虑户型时，家务空间很容易被忽略，在这里我们以家务动线为中心，考虑一下户型吧。

吃饭

睡觉

洗浴

放松

家务

收纳

工作

内与外·
土间

两代同居

高度差

走廊

南玄关

老年生活

紧凑生活

和室

可变性

Plan 19　一条直线的家务动线 I
在洗漱间放洗衣机

从厨房、客厅都可
以使用的家务空间

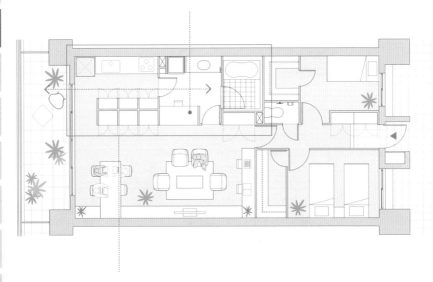

本方案把洗衣机放在靠近厨房的洗漱间里。考虑到之后晾衣服的动线，从洗漱间到阳台的动线设计为一条直线。为了让家务空间从厨房、客厅都可以方便使用，没有用墙将其隔开。这个户型也适合想跟家人在同一个空间做家务的人。

参考 → Column 08 "让洗衣更顺畅的五个户型方案" (p.048)
相关网址 → ＃08 "基于有关洗衣服的问卷调查结果的五个方案"

一条直线的家务动线 Ⅱ
阳台的洗衣房

吃饭

睡觉

洗浴

放松

家务

收纳

工作

内与外·土间

两代同居

高度差

走廊

南玄关

老年生活

紧凑生活

和室

可变性

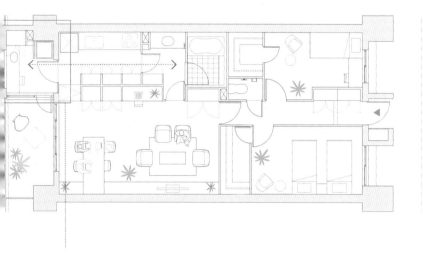

这是基于Plan 19（左页）展开的户型，在阳台设计了独立的洗衣间。洗衣间有水池，可以做其他家务。洗完衣服之后可以马上晾在阳台，很方便。另外，洗衣间也可以晾衣服。

参考 → Column 08 "让洗衣更顺畅的五个户型方案"（p.048）
相关网址 → ＃08 "基于有关洗衣服的问卷调查结果的五个方案"

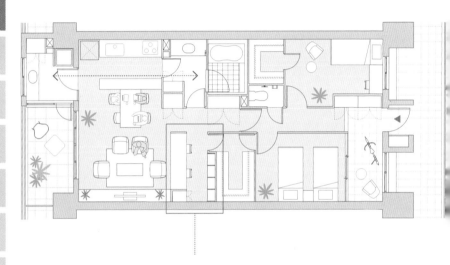

吃饭

睡觉

洗浴

放松

家务

收纳

工作

内与外·
土间

两代同居

高度差

走廊

南玄关

老年生活

紧凑生活

和室

可变性

一条直线的家务动线 III
阳台的洗衣房＋客厅的家务空间

这也是基于Plan 19（194页）所展开的户型。洗衣动线与第195页户型中的一样，但在这个户型中，客厅里加入了家务空间。

参考 → Column 08 "让洗衣更顺畅的五个户型方案"（p.048）
相关网址 → ＃ 08 "基于有关洗衣服的问卷调查结果的五个方案"

Plan 20　**宽敞明亮的南向家务空间**

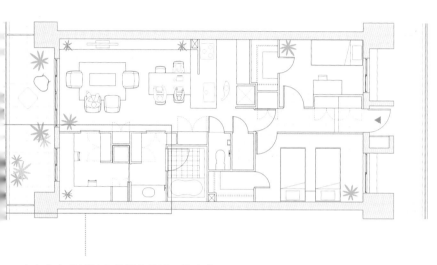

本方案在靠近阳台的部分设计了较大的家务空间，并连着洗漱间。此空间便于熨烫晾干的衣服，也便于将熨好的衣服折叠起来，还可以把需要洗的衣服暂时放在这里。家务间有拉门，在这里做裁缝工作或者熨衣服等家务时，如果有来客可以拉上门，客人便看不见里面了。

吃饭

睡觉

洗浴

放松

家务

收纳

工作

内与外·土间

两代同居

高度差

走廊

南玄关

老年生活

紧凑生活

和室

可变性

Plan 21　**有效利用家务动线**

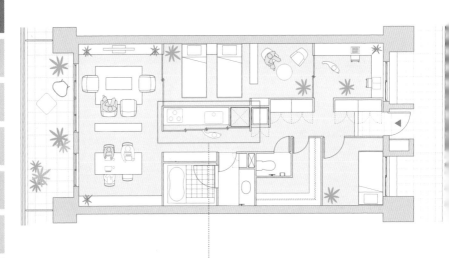

其实，家里来客人的情况并不多，那么，不如优先考虑自己的生活，把生活空间设计得更加方便，大家认为怎么样？本方案在一般作为走廊的空间设计了带门的厨房，可以通过这里到达客厅、餐厅。平时不使用或者有客人时可以将门关上。把走廊面积缩小，可以更有效地利用空间。

收纳

我们进行问卷调查后每次都发现，很多人回答"收纳空间不够""需要更大的收纳空间""需要符合空间用途的收纳"等。为了解决这些问题，我们从房子的整体户型出发，提出了设计储藏室、一体墙面收纳等解决方案。

吃饭

睡觉

洗浴

放松

家务

收纳

工作

内与外·
土间

两代同居

高度差

走廊

南玄关

老年生活

紧凑生活

和室

可变性

Plan 22　**宽敞的储物间**

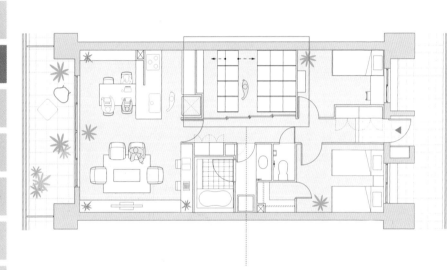

像以前每户家里都有的储物间一样，本方案设计了一个什么都可以收纳的空间。由于这个房间可以集中收纳各种各样的物品，别的房间就可以保持干净。收纳最重要的是，东西用完之后要放回原位，另外，不要再添加没必要的东西，要"在固定的位置放固定的东西"。整齐干净的房间会让人感到空间更大。

相关网址 → ＃15"物品的持有方式"

Plan 23　让每个房间都能收纳

吃饭

睡觉

洗浴

放松

家务

收纳

工作

内与外·
土间

两代同居

高度差

走廊

南玄关

老年生活

紧凑生活

和室

可变性

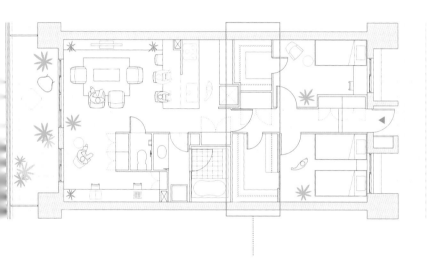

这个方案采用的不是集中收纳空间，而是在每一个房间分别设计了收纳空间。这跟集中收纳的储物间不一样，有必要的时候就可以拿出来使用，不使用的时候再放回去，十分方便。靠近走廊的收纳空间一侧设计了门，便于使用。

Plan 24　**墙面收纳**

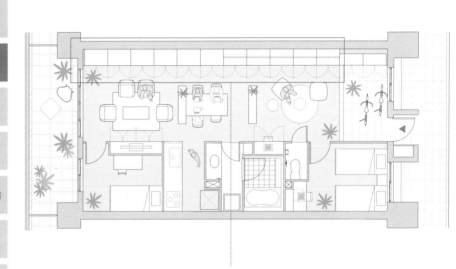

本方案把一整面墙做成了收纳空间，增加了收纳容量。收纳柜是有门的，一关上门，就无法看到里面的状况了。墙面收纳的高度一直到天花板，还可以根据物品的大小、形状和量来分隔内部空间。

工作

吃饭

睡觉

洗浴

放松

家务

收纳

工作

内与外·
土间

两代同居

高度差

走廊

南玄关

老年生活

紧凑生活

和室

可变性

随着时代与社会的变化，我们的工作方式也逐渐改变。开始做副业、退休后创业、在家工作，这样的工作方式越来越多了。让我们基于工作方式的多样化，考虑一下可以在家里工作的环境。

Plan 25　**家人共用的工作空间**

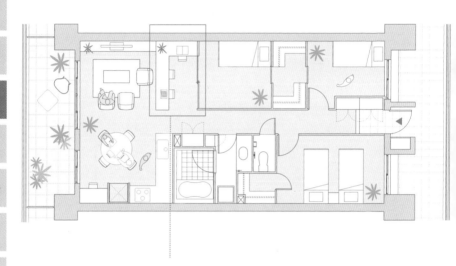

本方案在客厅的角落里设计了可以专
心工作的地方，因为在儿童房旁边，
所以孩子们放学后可以在这里做作业，
晚上则供父母使用。这样，大家可以
分时段共用。

Plan 26　靠近阳台的工作空间

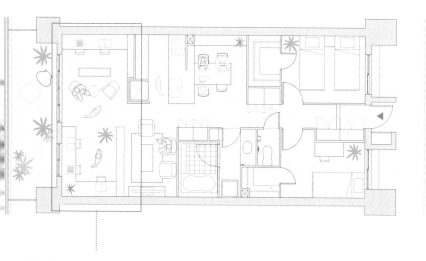

对于在家工作时间较长的人，或者把家里当成办公室的人来说，最好有一个可以专心、舒适地工作的空间。本方案在朝南的明亮的位置设计了较大的工作空间，家人可以同时在这里工作或学习。

吃饭

睡觉

洗浴

放松

家务

收纳

工作

内与外·土间

两代同居

高度差

走廊

南玄关

老年生活

紧凑生活

和室

可变性

Plan 27　两间书房

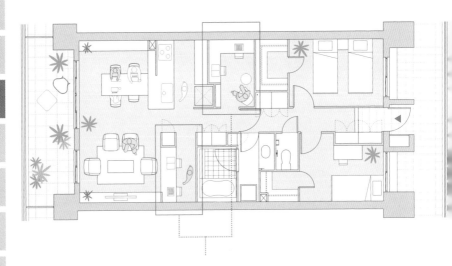

现在很多家庭都是双职工，我们为双职工的家庭设计了两个工作空间。如此，夫妻两人都有各自专心工作的空间。

Plan 28　占一整面墙的工作空间

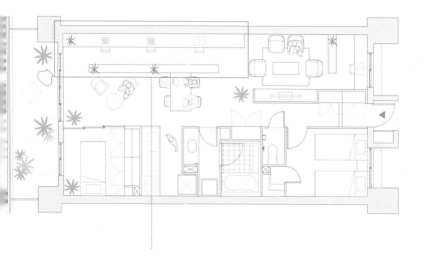

本方案将一整面墙设计成了工作空间。
在同一个空间里，人们各做各的事情，
比如工作、兴趣爱好活动、学习等。

吃饭

睡觉

洗浴

放松

家务

收纳

工作

内与外·
土间

两代同居

高度差

走廊

南玄关

老年生活

紧凑生活

和室

可变性

吃饭

睡觉

洗浴

放松

家务

收纳

工作

内与外·
土间

两代同居

高度差

走廊

南玄关

老年生活

紧凑生活

和室

可变性

Plan 29 **SOHO**

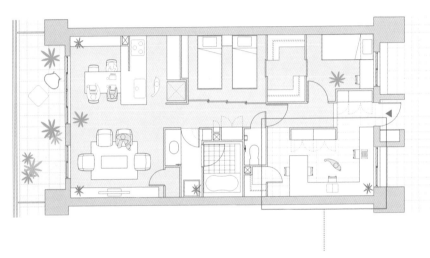

本方案在玄关的土间设计了工作空间。
在这里不用担心影响到别人的生活，
除了工作以外，还可以跟客户开会等。

内与外·土间

吃饭

睡觉

洗浴

放松

家务

收纳

工作

**内与外·
土间**

两代同居

高度差

走廊

南玄关

老年生活

紧凑生活

和室

可变性

现在的公寓是用家门来隔开室内和室外空间的。实际上，有时候人们甚至都不认识邻居，在这样的社会中，我们听到不少人说，还是跟邻居们有联系比较好。于是，我们尝试在公寓里设计了联系室内与室外的中间区域。

吃饭

睡觉

洗浴

放松

家务

收纳

工作

内与外·
土间

两代同居

高度差

走廊

南玄关

老年生活

紧凑生活

和室

可变性

Plan 30　**在玄关打造兴趣爱好的空间**

本方案把玄关做成宽敞的土间，设计了
用于兴趣爱好、工作的空间。人们可以
在这里维护自行车或者户外用品。因为
此户型的土间较宽敞，所以这里出现了
室内与室外之间的"中间区域"。

Plan 31　**连着厨房的土间**

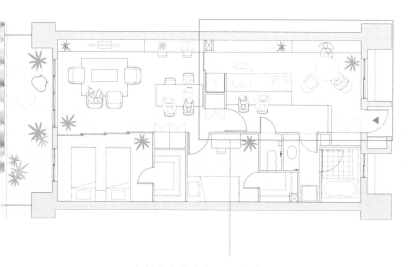

玄关部分的土间，可以当次客厅使用，
而且还连着厨房。就像以前的日本住宅
常见的"katte-guchi"一样（见 94 页），
不用通过走廊，也可以直接到达厨房。

吃饭

睡觉

洗浴

放松

家务

收纳

工作

内与外·
土间

两代同居

高度差

走廊

南玄关

老年生活

紧凑生活

和室

可变性

吃饭

睡觉

洗浴

放松

家务

收纳

工作

内与外·
土间

两代同居

高度差

走廊

南玄关

老年生活

紧凑生活

和室

可变性

Plan 32　在阳台和土间设置外廊

在阳台设计了洗衣间。

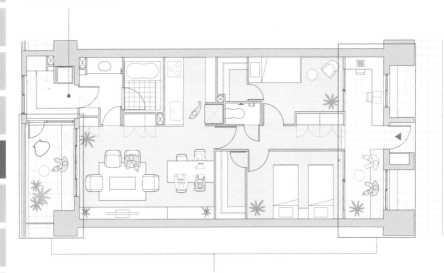

从前的日本住宅都会设有外廊，于是本方案在公寓的户型里也设置了外廊。在阳台或者土间放置长椅，人们就可以背对着窗户坐在这里，还可以看到外面的景色。这样一来，就会自然地产生跟邻居们交流的机会。

参考 → Column 19 "室内、室外与中间区域"（p.076）
相关网址 → ＃ 14 "室内、室外与中间区域"

Plan 33　**玄关的茶室**

小厨房

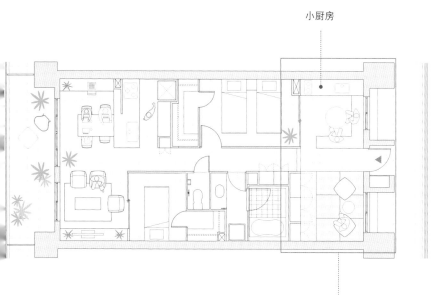

本方案在玄关设计了榻榻米茶室，邻居或朋友们来串门时，可以在这里喝茶，偶尔还能喝酒。玄关窗户尽量设计得比较大，以便人们看到外面的风景，享受良好的通风和采光，如此一来，这里就成为便于接待客人的地方了。

吃饭

睡觉

洗浴

放松

家务

收纳

工作

内与外·土间

两代同居

高度差

走廊

南玄关

老年生活

紧凑生活

和室

可变性

两代同居

现在日本社会的老龄化益发明显，晚婚现象
也越来越多，由此，两代同居的家庭也在增
加。例如，父母和成年子女同居、父母和已
婚子女同居等，其中还有些人想在家里看护
年迈的父母。在这里，让我们思考一下适合
两代同居的户型。

Plan 34　与成年子女的两代同居 I

有两个卫生间　　父母卧室　　女儿卧室

父母使用的浴室。休
息日或平日有时间时,
女儿也会用。

本方案是假设 70 岁左右的父母与 40
岁左右的女儿同居的户型,女儿主要使
用靠近玄关部分的空间。为了让女儿晚
回家时不会打扰睡觉的父母,浴室和小
餐厅也放在了靠近玄关的地方。白天,
父母也会用小餐厅,可以在玄关接待朋
友、喝茶。

参考 → Column 14 "与成年子女同居"（p.062）
相关网址 → ＃ 35 "与成年子女同居"

吃饭

睡觉

洗浴

放松

家务

收纳

工作

内与外·
土间

两代同居

高度差

走廊

南玄关

老年生活

紧凑生活

和室

可变性

吃饭

睡觉

洗浴

放松

家务

收纳

工作

内与外·
土间

两代同居

高度差

走廊

南玄关

老年生活

紧凑生活

和室

可变性

Plan 35　与成年子女的两代同居 **Ⅱ**

女儿卧室　　　晚上是女儿的空间。

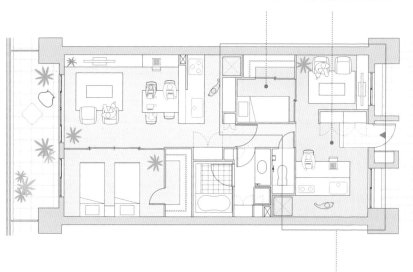

本方案还是以上述家庭结构为前提，女儿还是使用靠近玄关的部分。浴室和卫生间只有一个，此户型的问题在于卫生间离父母卧室稍微有些远。玄关处的小餐厅可方便女儿接待朋友，白天还是父母用于接待邻居或朋友的空间。

参考 → Column 14 "与成年子女同居"（p.062）
相关网址 → ＃35 "与成年子女同居"

Plan 36　**母亲与已婚子女的两代同居**

母亲使用

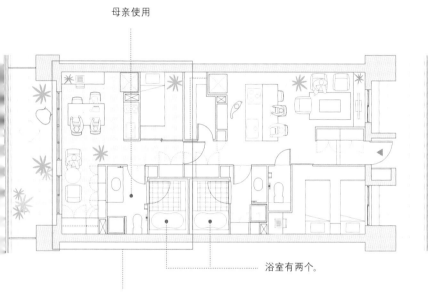

浴室有两个。

此方案假设 40 岁左右的夫妻与 70 岁左右的母亲同居。平时母亲在靠近南边阳台采光好的空间生活，但偶尔有客人的时候，就使用靠近玄关的平时子女使用的厨房、餐厅、客厅。浴室和卫生间各有两个，这样生活节奏不一样的两代人也不用介意打扰到彼此的生活了。

吃饭

睡觉

洗浴

放松

家务

收纳

工作

内与外 ·
土间

两代同居

高度差

走廊

南玄关

老年生活

紧凑生活

和室

可变性

Plan 37　**三代同居的户型**

全家人聚在一起的时候
使用南边的大客厅。

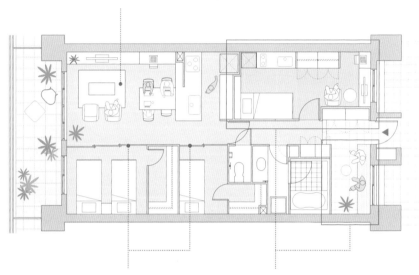

为了有效地使用有限
的空间，本方案多采
用拉门，打开拉门会
感到空间扩大了。

在这里，我们假设 30 岁左右的夫妻带
着 10 岁左右的孩子，与 60 岁左右的
母亲同居。南边是共用客厅，母亲平时
使用的客厅设计在玄关旁边的土间，这
样设计是考虑到母亲经常出门访友的活
跃个性。我们还在母亲的卧室设计了小
厨房和沙发，母亲的基本生活都可以在
这里完成。

其他

吃饭

睡觉

洗浴

放松

家务

收纳

工作

内与外·
土间

两代同居

高度差

走廊

南玄关

老年生活

紧凑生活

和室

可变性

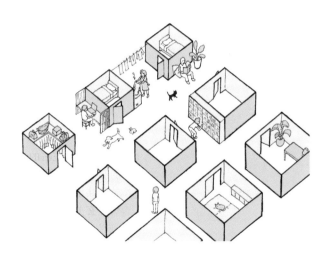

到这里为止，我们思考了关于九个主题的户型。接下来，我们将思考除了这九个主题以外，经常被提到的"高度差""走廊""南玄关""老龄化""紧凑生活""和室"等主题的相关户型。

吃饭

睡觉

洗浴

放松

家务

收纳

工作

内与外·
土间

两代同居

高度差

走廊

南玄关

老年生活

紧凑生活

和室

可变性

Plan 38　利用高度差

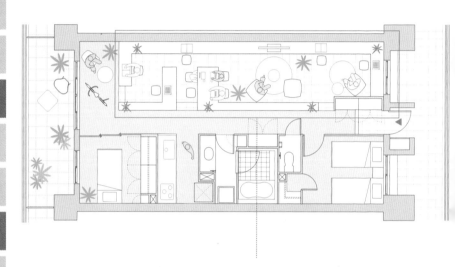

有效地利用地面的高度差，遮挡彼此的
视线，打造出宁静的空间。本方案将客
厅、餐厅、工作空间的地面压低了40
厘米，地面的高度差明确了空间界限。

参考 → Column 11 "地面高度与坐在地板上的生活"（p.054）
相关网址 → ＃ 13 "坐在地板上的生活"

Plan 39　**抬高卧室**

可以坐在和榻榻米高
度一样的地板上，和
客厅里的家人聊天。

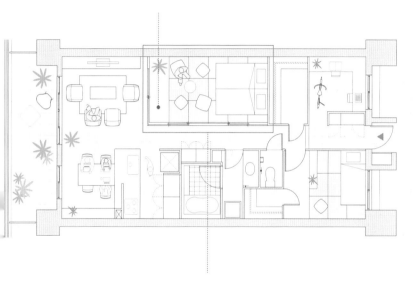

本方案尝试将卧室地面抬高 20 厘米。
这样，卧室空间跟别的地方就有所区别
了，虽然在同一个空间，但能够让人感
到平静。卧室的地面是榻榻米，在上面
铺上床褥睡觉也不错。客厅、走廊一侧
都用拉门来隔断，打开拉门，就是连着
客厅的开放空间了。

吃饭

睡觉

洗浴

放松

家务

收纳

工作

内与外·
土间

两代同居

高度差

走廊

南玄关

老年生活

紧凑生活

和室

可变性

吃饭

睡觉

洗浴

放松

家务

收纳

工作

内与外·
土间

两代同居

高度差

走廊

南玄关

老年生活

紧凑生活

和室

可变性

Plan 40　**打造阁楼**

A-A' 立面图

上面是卧室。

客厅　　　　　　　工作空间

下面是收纳。

有的公寓楼顶层房间的天花板很高，我们思考了较高层高的利用方法。本方案抬高了卧室的地面，并将下面打造成了收纳空间。客厅和工作空间的层高较高，让人感觉空间很宽阔，通过调整房间的高度，不仅可以有效地使用空间，还可以让空间具有深度与广度。

参考 → Column 17 "思考住房的体积而不是面积"（p.068）
相关网址 → # 74 "思考住房的体积而不是面积"

Plan 41 **将洗面台放在走廊**

吃饭

睡觉

洗浴

放松

家务

收纳

工作

内与外·
土间

两代同居

高度差

走廊

南玄关

老年生活

紧凑生活

和室

可变性

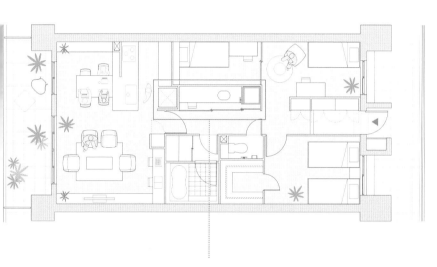

走廊不仅是通道，给走廊添加功能，可以更有效地利用空间。本方案将洗面台、收纳空间和家务台放在了走廊，并且安装了拉门或双开门，不使用时可以关上门将其隐藏。

参考 → Column 06 "缩小每个房间 充分利用走廊" (p.044)
相关网址 → # 24 "利用走廊"

吃饭

睡觉

洗浴

放松

家务

收纳

工作

内与外·
土间

两代同居

高度差

走廊

南玄关

老年生活

紧凑生活

和室

可变性

Plan 42　**将工作空间放在走廊**

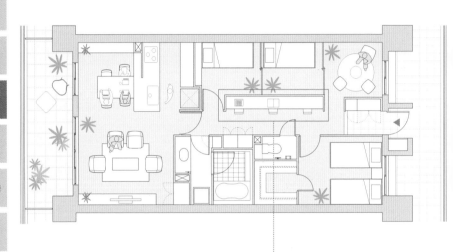

和 Plan 41 一样，本方案也是给走廊加
上了功能的户型。在走廊设计了工作空
间，这样可以利用起人们平时只是走来
走去、不会停留的空间。这种长条形的
空间，还可以放置宽敞的工作台。

参考 → Column 06 "缩小每个房间　充分利用走廊"（p.044）
相关网址 → ＃24 "利用走廊"

Plan 43　**将收纳空间放在走廊**

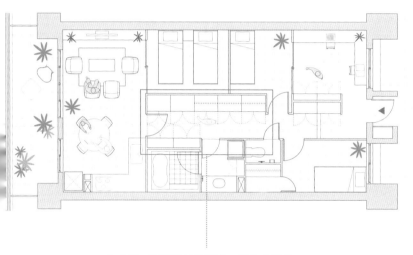

在走廊，除了设计洗面台、工作台以外，
还可以设计大容量的收纳柜。本方案中
的收纳柜设计成了从走廊一侧开门使用
的样式，但也可以将一部分设计成从卧
室一侧使用的。

参考 → Column 06 "缩小每个房间 充分利用走廊" (p.044)
相关网址 → ＃ 24 "利用走廊"

吃饭

睡觉

洗浴

放松

家务

收纳

工作

内与外·
土间

两代同居

高度差

走廊

南玄关

老年生活

紧凑生活

和室

可变性

吃饭

睡觉

洗浴

放松

家务

收纳

工作

内与外·
土间

两代同居

高度差

走廊

南玄关

老年生活

紧凑生活

和室

可变性

Plan 44　**从南边进屋I 将厨房放在玄关**

在较为宽敞的走廊放置绿植遮挡视线。

南边阳台，北边玄关，是最普遍的户型，但我们转换思维，考虑了在采光好的南边设计玄关、从阳台进屋的户型。这是为了在采光好的南边，打造以前日本住宅拥有的外廊那样的方便和邻居们交流的空间。反过来，北边则作为私人空间。本方案将厨房放在南边，并打造了京都的"町家"当中经常看到的"通庭"（从玄关一直延续到后院的素土地面的室内走廊）般的空间。

Plan 45　从南边进屋 II
将浴室放在玄关

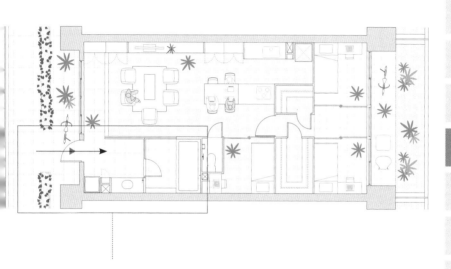

基于和 Plan 44 同样的想法，本方案把
浴室放在了南面。一般的浴室都比较重
视隐私，但只要可以遮挡视线，在采光
较好的南边放浴室也是不错的选择。孩
子们户外活动之后带着一身泥回家的时
候，在进屋前可以先洗澡。

吃饭

睡觉

洗浴

放松

家务

收纳

工作

内与外·土间

两代同居

高度差

走廊

南玄关

老年生活

紧凑生活

和室

可变性

Plan 46　从南边进屋 III
老年生活　夫妻两人各有房间

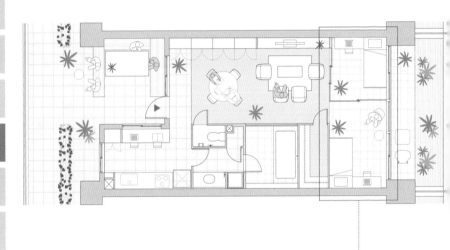

老年人中，有的夫妻会更倾向于分房睡。基于这样的生活习惯，我们提出了夫妻两人能感觉到对方的气息，但每个人都有独立房间的户型。

参考 → Column 15 "适合老年人生活的户型"（p.064）
相关网址 → ＃63 "适合老年人生活的户型将要出现"

Plan 47　紧凑生活　将一套房子分成两套

中间的墙壁可以之后
再增加，不需要时也
可拆卸。

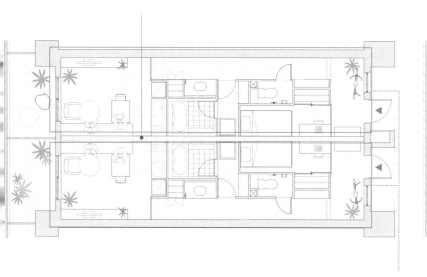

本方案提出了将一套房子分成两套的想法。与父母、子女、朋友同居可能有些困难，而做邻居就相对轻松许多。将一套房子分成两套的话，每个房子的面积会变小，但这种小户型却更加适用于未来的城市生活。现在的公寓里，每户的玄关属于公共区域，所以改装有一定难度，但如果真有这种着眼于未来可能性的公寓的话，该有多好。

吃饭

睡觉

洗浴

放松

家务

收纳

工作

内与外·
土间

两代同居

高度差

走廊

南玄关

老年生活

紧凑生活

和室

可变性

吃饭

睡觉

洗浴

放松

家务

收纳

工作

内与外·
土间

两代同居

高度差

走廊

南玄关

老年生活

紧凑生活

和室

可变性

Plan 48　紧凑生活　打造阳光房

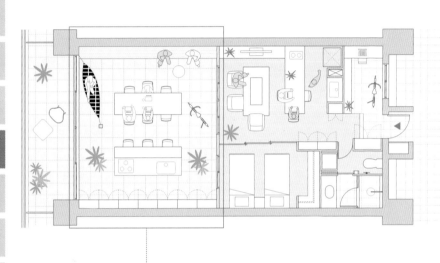

这是将南边的客厅看做室外，打造阳台
客厅、阳台厨房的40平方米左右的小
户型。我们尽量减小需要进行温度等环
境调控的室内空间，这样可以尽量节
能，天气好的时候，人们可以在半室外
的空间生活。多放绿植，打造在室内也
尽量接近自然的环境。一般室内改装时
不能更换外边的门框，所以本方案以保
留门框、把门打开的生活方式为前提设
计而成。

相关网址 → ＃64 "紧凑生活的思考"

Plan 49　用拉门做隔断的和室

吃饭

睡觉

洗浴

放松

家务

收纳

工作

内与外·
土间

两代同居

高度差

走廊

南玄关

老年生活

紧凑生活

和室

可变性

玄关附近设计了像外廊一样的空间。在这里可以和邻居们喝茶。

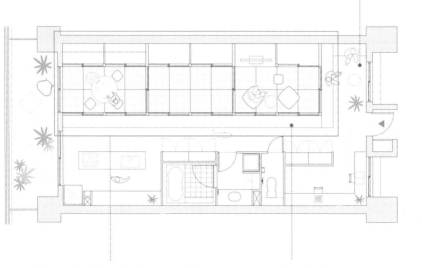

这是干脆将所有居室做成和室的方案。将走廊看做室外，就像穿过室内的通道。将地面抬高的和室空间，如果把门拆下来，就变成一个很大的连续空间。这是日本特有的具有可变性的空间，白天这里是吃饭、休息的地方，晚上则成为卧室。

入口木阶比地板高40厘米，刚好是适合坐下的高度。

吃饭

睡觉

洗浴

放松

家务

收纳

工作

内与外·
土间

两代同居

高度差

走廊

南玄关

老年生活

紧凑生活

和室

可变性

Plan 50　打造作为茶室的别邸

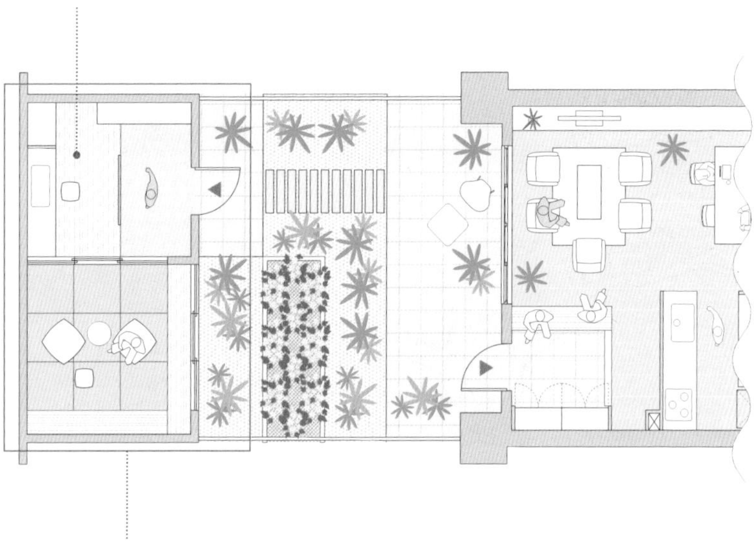

水屋

本方案提出的是带有茶室般的别邸的户型。为了从玄关通过庭院来转换心情，我们在庭院设计上费了一番功夫。别邸带有水屋（日本茶室中放茶具和清洁用具的地方），打造了茶室般的空间，也可以当做享受兴趣爱好的空间或书房。

参考 → Column 22 "有别邸的家"（p.082）
相关网址 → ＃39 "关于别邸"
　　　　　　＃56 "有别邸的家~上鹭宫的家"

编后记

居住实验室
"sumai LAB"
顾问

土谷贞雄

[土谷贞雄]

从居住实验室"sumai LAB"开设以来，我一直协助运营及内容制作的工作，很高兴看到现在居住实验室的圈子逐渐扩大。

本书中提到的主题和内容，是居住实验室"sumai LAB"之前发布过的，但在书中，我们尝试尽量多用具体的例子来阐述，使读者更容易理解。

在第一章，我们从居住实验室"sumai LAB"网站专栏中挑选了公寓户型和住宅设备的有关内容。在第二章问卷调查部分，我们精心挑选了令户型更为丰富的建议。这些建议都是之前在居住实验室"sumai LAB"网站上发布过的，但我们考虑了阅读顺序等细节，重新进行了编辑。在第三章新户型提案的部分，我们挑选了新公寓可以参考的户型，同时也选取了对已有公寓改装时可以参考的户型，并重新整理了内容。大部分的内容在居住实验室"sumai LAB"的网站专栏中也曾发布过，但在编辑本书的过程中进行了精心修改。我们希望购买新房子的人或改装房子的人在重新整理自己对住房的想法时，这本书能够有所帮助。

从 2011 年居住实验室"sumai LAB"开设以来，我们几乎每周都会发布新的信息。居住实验室"sumai LAB"是不受限于现有框架、自由地对公寓展开"如果有这样一个家就好了"等想象的网站。即使是新建的公寓，我们也一直在努力扩大"可以做成这样"的可能性。居住实验室希望能帮大家找到各自的愿望和产品之间存在的各种可能性。

本书中提到的"户型的可变性"的问卷中，多达 44% 的人回答"生孩子之前不会准备儿童房"。现在，一对夫妻加两个小孩这种家庭结构已经不再是社会的平均值了，像 3LDK（三室一厅）这样的户型，可能越来越不适合作为普遍的解决方案。本次编辑工作，对我们居住实验室"sumai LAB"的团队来说，是一个回归原点的好机会。居住实验室"sumai LAB"还在成长，我希望，居住实验室"sumai LAB"从大家的建议中得到的启发，能够对三菱地所集团今后的住宅商品开发起到积极的影响，最重要的是，做出让住户满意的东西。

最后，本书中的插图是宫胁优子女士的作品，希望今后大家把她的插图作为居住实验室"sumai LAB"的视觉形象，熟悉并喜欢它。

聽松文庫
tingsong LAB

出　品 | 听松文库
出版统筹 | 朱锷
封面设计 | 小矶裕司
正文插图 | 宫胁优子 [MEC eco LIFE]
图纸制作 | 佐藤圭 [.8 Co., Ltd.]
设计制作 | 汪阁
翻　译 | 河野美由纪＋蔡萍萱
法律顾问 | 许仙辉 [北京市京锐律师事务所]

著作权合同登记图字：20-2021-178

图书在版编目(CIP)数据

如果有这样一个家就好了 / 日本居住实验室"sumai
LAB"，(日) 土谷贞雄编著；河野美由纪，蔡萍萱译.
—桂林：广西师范大学出版社，2018.9（2021.6重印）
ISBN 978-7-5598-1164-6

Ⅰ．①如… Ⅱ．①日… ②土… ③河… ④蔡… Ⅲ．
①住宅－建筑设计 Ⅳ．①TU241

中国版本图书馆CIP数据核字(2018)第203106号

责任编辑 | 马步匀

广西师范大学出版社出版发行

广西桂林市五里店路9号　邮政编码：541004
网址：www.bbtpress.com

出版人：黄轩庄
全国新华书店经销
发行热线：010-64284815
天津图文方嘉印刷有限公司印装

开 本　1230mm×880mm　1/32
印 张　7.5
字 数　100千字
版 次　2018年9月第1版
印 次　2021年6月第2次
定 价　65.00元